Praktische Kunstseidenfärberei in Strang und Stück

Von

Dr. Kurt Götze und **C. Richard Merten**
Wuppertal-Elberfeld Krefeld

Mit 101 Textabbildungen

Berlin
Verlag von Julius Springer
1933

ISBN-13: 978-3-642-98635-2 e-ISBN-13: 978-3-642-99450-0
DOI: 10.1007/978-3-642-99450-0

Softcover reprint of the hardcover 1st edition 1933

Herrn Dr. W. **Keiper**

Direktor der Färberei- und Appreturschule Krefeld

unserem verehrten Lehrer

in Dankbarkeit

Vorwort.

Trotz des unaufhaltsamen Vordringens der Kunstseiden in die verschiedensten Zweige der Textilindustrie ist das Schrifttum auf dem Gebiete der Veredlung dieser jungen Faser klein. Es mag dies einerseits daran liegen, daß erst die letzten Jahre mehr und mehr die Erkenntnis gebracht haben, daß Kunstseide und Baumwolle — obwohl beides Zellulosefasern — in ihrem Verhalten bei der Ausrüstung doch nicht als gleiche Fasermaterialien anzusprechen sind. Andererseits ist die Entwicklung in so raschem Fluß gewesen, daß es schwer war, an einem bestimmten Punkt halt zu machen und die bis dahin herausgebildeten Verfahren zu beschreiben.

Es will uns scheinen, als ob die Entwicklung heute soweit gelangt ist, daß eine zusammenfassende Darstellung über das Gebiet der Kunstseidenveredlung erlaubt ist: Die Kunstseiden als solche stellen heute Standardqualitäten dar, die im Augenblick nur in Einzelheiten geringfügige Änderungen erfahren. Grundlegende Abwandlungen dürften wenigstens in der nahen Zukunft nicht zu erwarten sein. Weiter hat die Entwicklung hinreichend der Kunstseide ihre Wege gewiesen: Die aus ihr herstellbaren Artikel liegen im großen und ganzen fest. Auch hier sind einstweilen nur Varianten zu erwarten, die sich durch Kombination und Bindung von dem bisherigen unterscheiden.

Erschien so einerseits der Zeitpunkt für eine kurze, zusammenfassende Darstellung der bei den Kunstseiden angewandten Veredlungsverfahren gegeben, so mußten sich die Verfasser die Frage nach der Notwendigkeit einer solchen vorlegen. Abgesehen von den zahlreichen Broschüren, Musterkarten und Prospekten der Farben- und Textilhilfsmittelfabriken befindet sich eine zusammenhängende Darstellung der Ausrüstungsvorgänge unseres Wissens nur in Weltzien, „Chemische und physikalische Technologie der Kunstseiden“, aus der Feder des einen von uns stammend. Hier finden wir die Grundlagen für die Faserveredlung mit einer nahezu lückenlosen Berücksichtigung der Literatur wissenschaftlichen und technischen Inhalts. Was bisher fehlt, ist ein rein auf die Bedürfnisse des praktischen Färbers zugeschnittenes Buch, das unter anderem im einzelnen näher auf die Behandlung der einzelnen Stoffqualitäten eingeht und das für die Handhabung einzelner Arbeitsprozesse in Strang- und Stückfärberei nur rein praktische Anleitungen enthält, ohne auf alle Möglichkeiten einzugehen. Die Verfasser haben den Versuch unternommen, diese Lücke auszufüllen. Das auf diese

Weise entstandene Werkchen wird durch das Weltziensche Buch wertvoll ergänzt.

Es erschien uns notwendig, der Beschreibung der Färbevorgänge eine kurze, allgemein verständliche Darstellung der Eigenschaften des in Rede stehenden Fasermaterials vorauszuschicken. Schwerer wurde uns der Entschluß, auch eine kurze Beschreibung der Herstellung der Kunstseiden zu geben. Erst nach wiederholtem, eingehendem Studium des hierüber vorliegenden, umfangreichen Schrifttums erschien es uns angebracht, noch einmal das Wichtigste herauszuschälen, ohne auf die tieferen Zusammenhänge einzugehen. Mitbestimmend war der Gedanke, daß die Kenntnis des Werdeganges der Faser dem Färber hier und da einige Anregungen geben kann. Auf der anderen Seite bot sich bei dem Umreißen des Herstellungsvorganges an manchen Stellen Gelegenheit, Zusammenhänge mit in der Färberei auftretenden Fragen aufzudecken.

Das Buch kann in dem ihm gesteckten Rahmen keinen Anspruch auf Vollständigkeit machen, dafür ist das Gebiet schon zu weit verzweigt; wir hoffen aber, daß es sich auch in der vorliegenden Form Freunde erwirbt. Anregungen aus den Kreisen der Fachgenossen werden wir stets dankbar entgegennehmen.

Wir danken den zahlreichen Firmen, die uns Druckstock- und Bildmaterial zur Verfügung stellten, sowie der Verlagsbuchhandlung für die gute Ausstattung des Buches.

Wu.-Elberfeld und Krefeld,
im März 1933

Die Verfasser.

Inhaltsverzeichnis.

I. Allgemeines.

1. Die Kunstseiden und ihre Eigenschaften.

Unter dem Namen „Kunstseiden“ faßt man eine Gruppe von synthetisch gewonnenen Textilfasern zusammen. Allen gemeinsam ist der Ausgangsstoff, „die Zellulose“. Dieser Rohstoff steht uns in ungeheuren Mengen in der Natur zur Verfügung: in den Hölzern, als Baumwolle, Flachs, Leinen, Jute, Ramie usw. Für die Kunstseidenfabrikation kommen bis heute jedoch nur die Baumwolle und das Holz der Fichte in Betracht, die andern Hölzer müssen — teils wegen ihres hohen Harzgehaltes, teils aus anderen Gründen — vorläufig ausscheiden.

Von den vier heute im Handel befindlichen Arten: Viskoseseide, Kupferseide, Nitro- und Azetatseide stellen die drei ersten in ihrem Endzustand wieder Zellulose, wenn auch in einer etwas veränderten Form, dar, während die letzte und jüngste, die Azetatseide, einen Ester darstellt, und zwar den Essigsäureester der Zellulose. Sie hat dementsprechend auch weitgehend andere physikalische und chemische Eigenschaften.

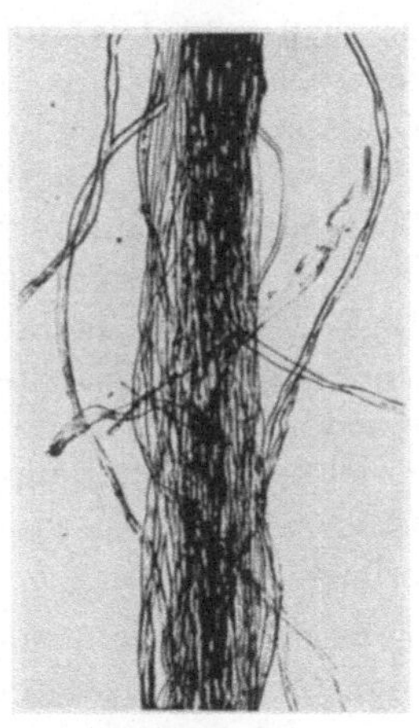

Abb. 1. Baumwolle. Vergr. 60fach.

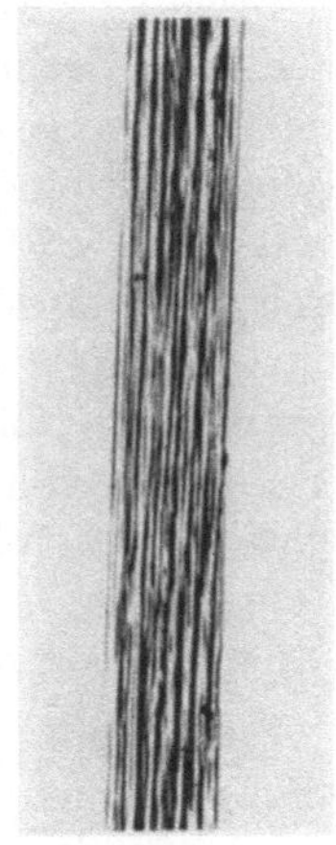

Abb. 2. Kunstseide. Vergr. 60fach.

Titer. Im Gegensatz zur Baumwolle stellen die Kunstseiden wie die echten Seiden endlose Fäden dar (Abb. 1 u. 2), die aus mehreren, in den weitaus meisten Fällen umeinandergedrehten Einzelfasern, auch „Kapillarfäden“ genannt, bestehen. Die Dicke des Kunstseidenfadens wird mit „Titer“ bezeichnet und ist demnach bestimmt durch die Anzahl sowie die Dicke der Einzelfasern. Der Titer (und zwar „Gesamttiter“ und „Einzeltiter“) wird ausgedrückt in „Denier“, wie bei der natürlichen Seide. Ein Faden hat den Titer von 1 Denier, wenn 9000 m Faden 1 g wiegen. Man unterscheidet heute je nach dem Titer der Einzelfasern

normalfädige Seide, mit einem Einzeltiter von etwa 5 Denier und darüber,

feinfädige Seide, mit einem Einzeltiter von etwa 2,5 Denier und

feinstfädige Seide, mit einem Einzeltiter unter 2,5 Denier.

Eine Normung dieser Größen ist bisher nicht vorgenommen worden. Je feiner der Einzeltiter einer Kunstseide ist, um so wertvoller ist sie. Dies kann jedoch nicht verallgemeinert werden, da der Ausfall kunstseidener Waren in hohem Maße vom Einzeltiter der verwendeten Kunstseide abhängig ist, und für viele Verwendungszwecke zuweilen ein gröberer Einzeltiter ein besseres Warenbild ergibt.

Die gangbarsten Titer sind heute 60, 90, 100, 120, 150, 180, 250 und 300 Denier. 60, 150 und 180 Denier kommen hauptsächlich für Wirkwaren in Frage, 120 und 150 Denier werden für Strümpfe verwendet. 90 und 120 Denier bilden die Standardtiter für die Seidenweberei; 250 und 300 Denier gehen ebenfalls in die Weberei, und zwar in erster Linie in die Tischzeugindustrie, ferner aber auch in die Zwirnereien für Kordonnets und andere Zwirne. Der Titer 100 Denier feinfädig ist in der Hauptsache das Ausgangsmaterial für kunstseidene Kreppzwirne, wird aber auch viel für Strümpfe verwendet.

Drehung. Abgesehen vom Titer unterscheidet man die Kunstseiden nach ihrer Drehung, wobei man in erster Linie nach „Kett- und Schußdrehung", hergeleitet aus der Verwendung in der Weberei, trennt. Schußdrehung hat eine Seide von etwa 120 Touren pro Meter, die Kettdrehung weist etwa 220 Touren auf. Kreppgarne besitzen eine weit höhere Drehung: bei dem Titer 100 Denier hat man hier meist eine Drehung von rund 2000 Touren. Werden mehrere schon gedrehte („Vordraht") Gesamtfäden durch Drehung („Nachdraht") miteinander vereinigt, so spricht man von einem „Zwirn". Diese Begriffsbestimmung wird jedoch nicht immer folgerichtig eingehalten. So spricht man z. B. bei den Kreppgarnen meist von einem Kreppzwirn, obwohl eine nur einmal gedrehte Seide vorliegt.

Querschnitt. Typisch für Kunstseiden sind ihre Querschnittsformen. Diese sind nicht nur für die eingangs erwähnten vier Arten charakteristisch, sondern sie weichen auch innerhalb derselben Art bei Kunstseiden verschiedener Provenienz stark voneinander ab. Diese Unterschiede sind vom Spinnverfahren abhängig und so charakteristisch, daß es dem Fachmann nicht schwer fällt, an Hand der Querschnittsform in den meisten Fällen die Herkunft des Gespinstes festzustellen. Die folgenden Abbildungen sollen diese Verschiedenheiten der Querschnittsformen näher erläutern (Abb. 3—13).

Qualität. Die Kunstseiden sind in mehreren Qualitäten im Handel. Erstklassige Ware wird mit „Prima" (Ia oder A), zweitklassige mit „Sekunda" (IIa oder B) usw. bezeichnet. Im allgemeinen unterscheidet man Ia, IIa, IIIa und Partieware. Für bestimmte Verwendungszwecke werden jedoch auch Mischqualitäten verkauft. Diese verschiedenen Qualitäten werden nun keineswegs besonders gesponnen, sondern der Gesamtanfall an Kunstseide wird in jedem Werk vor dem Verpacken

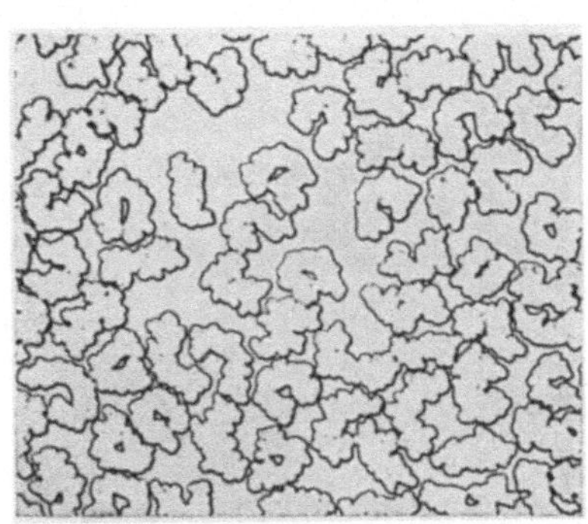

Abb. 3. Glanzstoff „VK", normalfädige Viskoseseide. Vergr. 250fach.

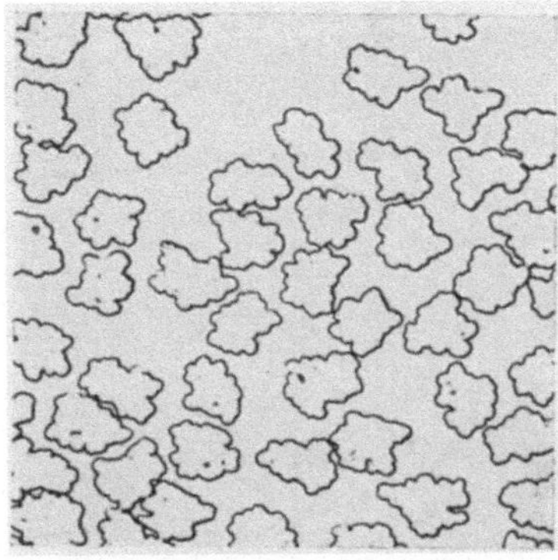

Abb. 4. Glanzstoff „Mira", normalfädige Viskoseseide. Vergr. 250fach.

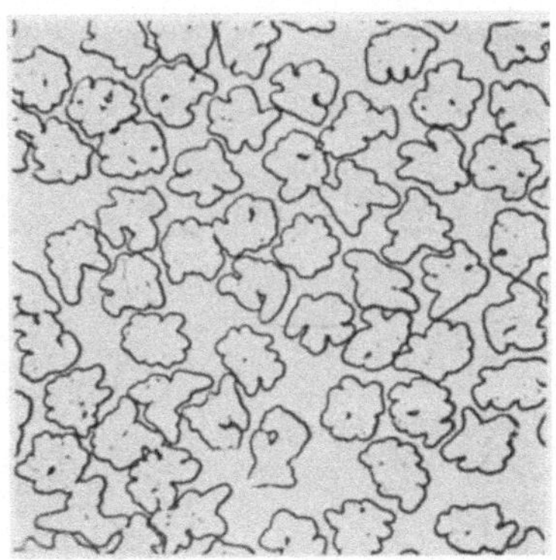

Abb. 5. Glanzstoff „V", normalfädige Viskoseseide. Vergr. 250fach.

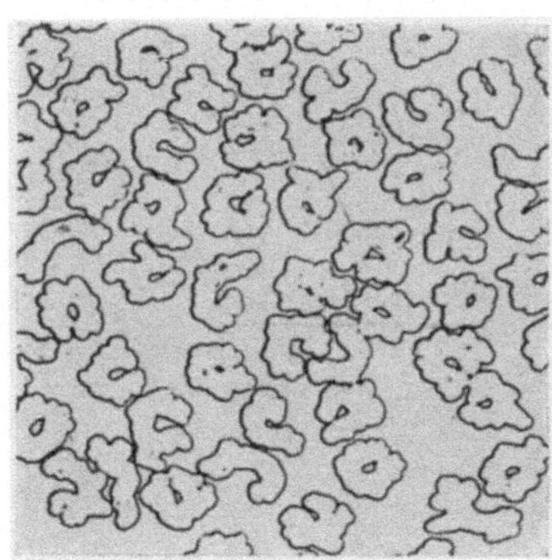

Abb. 6. Agfa, normalfädige Viskoseseide. Vergr. 250fach.

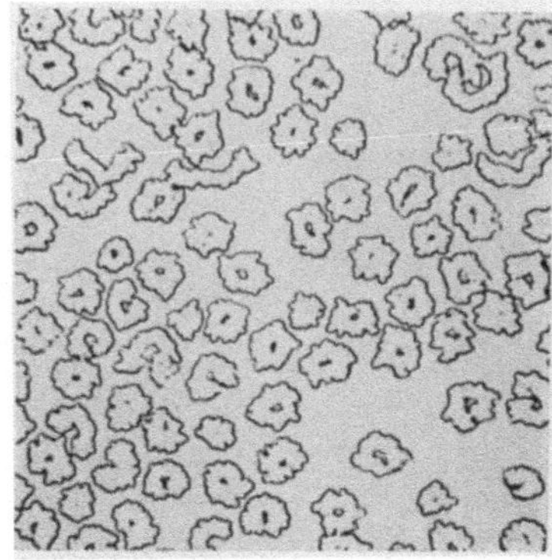

Abb. 7. Glanzstoff „VM ff", feinfädige Viskoseseide. Vergr. 250fach.

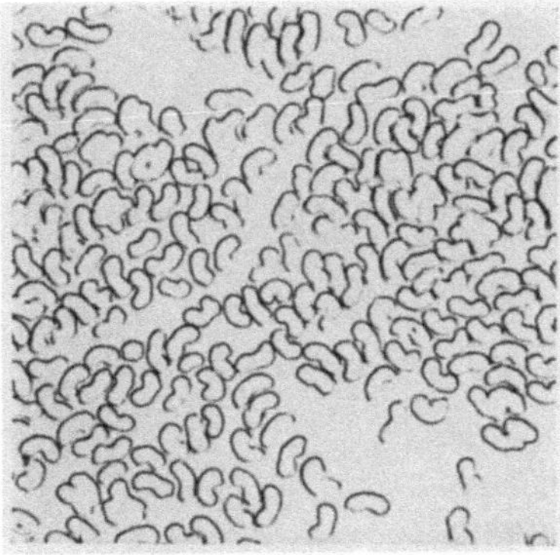

Abb. 8. Agfa „Travis", feinstfädige Viskoseseide. Vergr. 250fach.

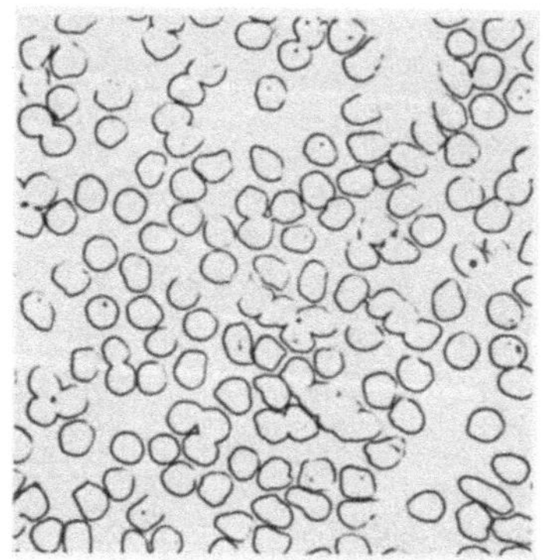
Abb. 9. Bemberg, feinstfädige Kupferseide. Vergr. 250fach.

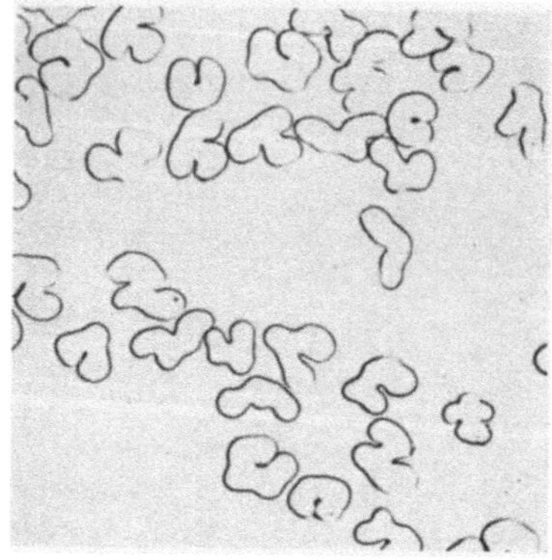
Abb. 10. Magyarovar, normalfädige Nitroseide. Vergr. 250fach.

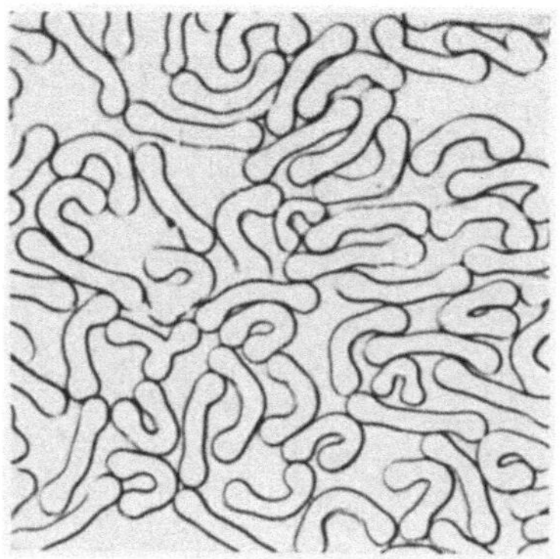
Abb. 11. Aceta (ältere Ausspinnung), normalfädige Azetatseide. Vergr. 250fach.

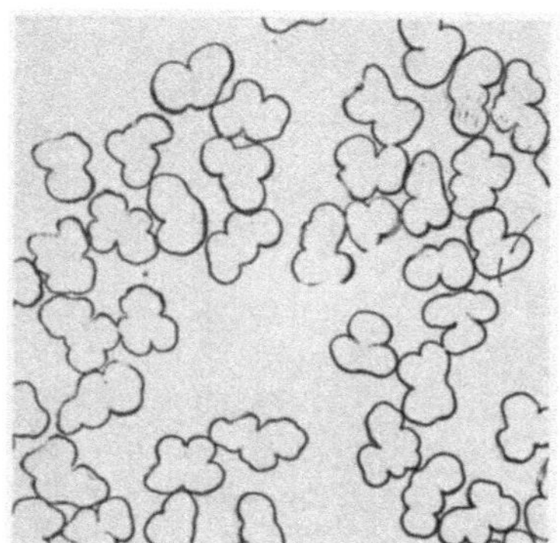
Abb. 12. Aceta, normalfädige Azetatseide. Vergr. 250fach.

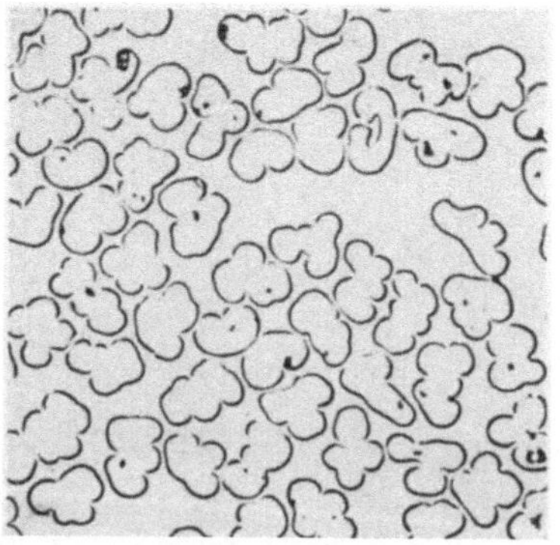
Abb. 13. Celanese, normalfädige Azetatseide. Vergr. 250fach.

sortiert, wobei jeder einzelne Strang in die Hand genommen und sorgsam nach Flusen, beschädigten Fäden und anderen Fehlern durchgesehen wird. Nach bestimmten, von den einzelnen Kunstseidenspinnereien ausgearbeiteten Normen wird die Klassifizierung je nach Art und Zahl der Fehler durch geübte Arbeiterinnen vorgenommen (s. Abb. 35 auf S. 21). Die Sortierung untersteht der schärfsten Kontrolle durch besondere Kontrollstellen, in denen Stichproben der einzelnen Arbeiterinnen nachgeprüft werden.

Festigkeit und Dehnbarkeit. Äußerst wichtig für die Verarbeitung der Kunstseiden sind ihre physikalischen Eigenschaften. Ihre Festigkeit hat in den letzten Jahren immer weitere Fortschritte gemacht. Während früher eine Kunstseide in nassem Zustande außerordentlich empfindlich war, hält sie heute bei vorsichtiger Handhabung Naßbehandlungen selbst in kochenden Bädern ohne Festigkeitseinbuße aus. Die Trockenfestigkeit beträgt bei den üblichen Kunstseidenmarken 130—180 g pro 100 Denier. Die Spezialseide „Sedura" der Vereinigten Glanzstoffabriken A.G. weist sogar eine Trockenfestigkeit von etwa 450 g auf. Nicht so günstig stellen sich die Festigkeitswerte der Kunstseidenfäden in nassem Zustand. Hier schwanken die Werte bei den üblichen Kunstseiden zwischen 55 und 77 g pro 100 Denier. Die Festigkeit der Sedura geht in nassem Zustand auf etwa 350 g herunter. Stellt man die Festigkeitsabnahme von trockener und nasser Kunstseide, in Prozenten ausgedrückt, mit den entsprechenden Daten anderer Textilfasern gegenüber, so ergibt sich folgendes Bild:

Festigkeitsabnahme in %		
Wolle	etwa	7
Seide	„	14
Viskoseseide . . .	„	60

Bei Baumwolle tritt der merkwürdige Umstand ein, daß sie in nassem Zustand eine Festigkeits*zunahme* von etwa 20% erfährt. Nicht ganz so groß wie oben angegeben ist der Festigkeitsabfall bei Kupferkunstseide und Azetatseide, die letztere jedoch reicht in ihrer Trockenfestigkeit im allgemeinen wieder nicht an eine gute Viskose- und Kupferseide heran.

Eine weitere wichtige Eigenschaft ist die Dehnbarkeit der Kunstseidenfaser. Sie wird ausgedrückt als Bruchdehnung. Diese schwankt zwischen 15 und 25% in trockenem und 20—40% in nassem Zustand. Mit der Dehnbarkeit darf nicht verwechselt werden die „Elastizität". Hierunter versteht man nur einen Teil der Gesamtdehnbarkeit, und zwar nur den Anteil, der nach Dehnung und Entlastung wieder zurückgeht. Trotz der an sich großen Dehnbarkeit ist bei Kunstseiden der Anteil an elastischer Dehnung nur recht gering, d. h. also: Wenn ein Faden gestreckt und wieder entlastet wird, so wird er sich sofort nur ganz wenig wieder verkürzen und im übrigen seine größere Länge behalten. Das Zurückgehen aus der größeren Länge vollzieht sich dann nur außerordentlich langsam. Es soll nicht unerwähnt bleiben, daß diese Verhältnisse bei der textilen Verarbeitung der Kunstseiden eine große Rolle spielen.

Quellung. Vollständig trockene Kunstseiden nehmen aus der umgebenden Luft stets etwas Feuchtigkeit auf, wie dies auch bei der Naturseide der Fall ist. Bei normalen Bedingungen (60% relative Luftfeuchtigkeit) nehmen die Azetatseide 4%, die übrigen Kunstseiden 11 bis 12,8% Wasser auf. Mit dieser Wasseraufnahme geht stets eine Faserquellung parallel, die in der Querrichtung zur Faser bedeutend größer ist als in der Längsrichtung.

Färberische Eigenschaften. Wenn auch die Kunstseiden ihrem Ausgangsprodukt nach Zellulosefasern darstellen, so sind sie doch keineswegs in ihrem färberischen Verhalten der gewachsenen Zellulosefaser, der Baumwolle, gleichzusetzen. Es darf nicht außer acht gelassen werden, daß die Zellulose während der vielverzweigten Umwandlung in Kunstseidefasern weitgehende Änderungen durchgemacht hat, die auch das färberische Verhalten maßgebend beeinflussen. Der Färber, der mit seinen Erfahrungen, die er auf dem Gebiete der Baumwollfärberei sammeln konnte, ohne weiteres an die Kunstseiden herantritt, wird viel Lehrgeld bezahlen müssen. Betrachtet man das färberische Verhalten der Kunstseiden kritisch, so kann man höchstens sagen, daß die für Baumwolle geeigneten Farbstoffe — und auch das nur mit Einschränkungen — auch für die Kunstseidenfärberei verwendet werden können. Die Anwendung dieser Farbstoffe selbst sowie die Arbeitsweisen müssen in der Kunstseidenfärberei doch erheblich von der Baumwollfärberei abweichen. Wir wollen zunächst die Viskose-, Kupfer- und Nitroseiden in ihren färberischen Eigenschaften näher beleuchten, die Azetatseide muß wegen ihres abweichenden Verhaltens hier zunächst außer Betracht bleiben.

Grundsätzlich ist zu sagen, daß die Kunstfasern eine erheblich höhere Farbstoffaffinität als Baumwolle aufweisen. Dieses ist eine Folge der chemischen und — in der Hauptsache — physikalischen Änderungen, die die Zellulose im Verlaufe ihrer Umwandlung in Kunstseide erlitten hat. Über diese Veränderungen liegt eine reichhaltige Literatur[1] vor, so daß wir im Rahmen dieses Buches nicht näher darauf einzugehen brauchen. Allgemein muß gesagt werden, daß das Quellungsvermögen bei den Kunstseiden in wässerigen Flüssigkeiten ungleich größer ist als bei der Baumwolle, und hierdurch ist die größere Farbstoffaffinität zum Teil mit bedingt. Damit kommen wir aber schon zu einem weiteren Punkt: Der Färber weiß, daß eine sehr große Farbaffinität für egales Aufziehen der Farbstoffe nicht günstig ist, und in der Tat haben die Kunstseiden — besonders bei Verwendung von substantiven und noch mehr bei Indanthrenfarbstoffen —

[1] Vgl. insbesondere Weltzien: Technologie der Kunstseiden. Leipzig 1930. Dort finden sich auch zahlreiche weitere Literaturhinweise.

in starkem Maße die Neigung, bunte Färbungen zu liefern. Diese Schwierigkeit ist von der Kunstseidenindustrie schon früh erkannt worden, und es ist mit das oberste Streben dieser Industrie gewesen, die Fasern so homogen herzustellen, daß bunte Färbungen weitgehend ausgeschlossen sind. Wenn man sich vorstellt, daß Baumwollen verschiedener Provenienz ein verschiedenes Anfärbevermögen besitzen, das man dadurch ausgleicht, daß in der Baumwollspinnerei eine sorgfältige Mischung des Fasergutes erfolgt, so wird es ohne weiteres klar, daß die Erzeugung von gleichmäßig färbenden endlosen Fasern, die nicht gemischt werden können, ein recht schwieriges Problem darstellt. Die Leistungen der Kunstseidenspinnereien auf dem Gebiete der Homogenisierung des Spinnproduktes sind bedeutend, und es kann daher dieser Industrie heute allein nicht zum Vorwurf gemacht werden, wenn man einstweilen nicht viele Wege mehr sieht, die Kunstseiden in färberischer Beziehung noch weitgehend zu vervollkommnen: Farbenindustrie und Färbereien müssen daher ebenfalls dazu beitragen, diesen Nachteil der künstlichen Fasern soweit als möglich zu überbrücken. In erster Linie kommt es auf eine sorgfältige Auswahl der Farbstoffe an, wie dies in den letzten Jahren auch schon durch die Musterkarten der Farbenfabriken und durch peinliche Arbeit der Färber geschehen ist. Mit der Schaffung von neuen Spezialfarbstoffen auf Grund wissenschaftlicher Erkenntnisse über das färberische Verhalten der Kunstseiden ist die Farbenindustrie selbst bisher noch nicht besonders erfolgreich gewesen. Außer den ,,Benzoviskosefarbstoffen" der I. G. Farbenindustrie Aktiengesellschaft und den ,,Riganfarbstoffen" der Chemischen Industrie Basel sind noch keine Spezialfarbstoffe für Kunstseide im Handel, und auch diese neuen Farbstoffe sind wegen ihrer noch unbefriedigenden Echtheitseigenschaften und nicht zuletzt wegen ihres Preises nicht in allen Fällen anwendbar. Auch ist das Farbensortiment noch recht beschränkt. Der Färber muß daher mit den sorgfältig ausgewählten ,,Baumwollfarbstoffen" arbeiten, und seine Färbeverfahren müssen dem besonderen Verhalten der Kunstseiden gegenüber diesen Farbstoffen Rechnung tragen.

In dieser stärkeren Affinität, die man in etwa mit den Unterschieden zwischen roher und merzerisierter Baumwolle vergleichen kann, liegen also die Hauptmerkmale für das andere färberische Verhalten der Kunstseiden, das sich in manchen Fällen auch in bezug auf die Echtheitseigenschaften derselben Farbstoffe gegenüber der Baumwolle zu erkennen gibt. Die Farbstoffaffinität der Kupferseiden gegenüber substantive Farbstoffe ist noch etwa 30% größer als die der Viskoseseiden, sie übersteigt noch die der merzerisierten Baumwolle. Weiter hat der Färber zu beachten, daß, wie schon erwähnt, die Kunstseiden im Gegensatz zur Baumwolle in nassem Zustand erheblich an Festigkeit einbüßen. Die manuelle und maschinelle Behandlung in der Färberei hat daher auch hierauf Rücksicht zu nehmen.

Bei der Azetatseide liegen diese Verhältnisse grundsätzlich anders: Die Azetatseide ist in Wasser nur sehr begrenzt quellbar. Infolgedessen färbt sie sich mit den üblichen Farbstoffen und bei den üblichen Färbeverfahren in den meisten Fällen überhaupt nicht an. Man hat sich im Anfange damit geholfen, durch geeignete Vorbehandlungen die Azetatseidenfaser oberflächlich zu „verseifen", d. h. sie an ihrer Oberfläche wieder in Zellulose zurückzuverwandeln, um so die Anfärbung mit Baumwollfarbstoffen zu ermöglichen. Da aber gerade hierdurch die typischen Eigenschaften der Azetatseide verlorengingen, kam man bald von diesem Verfahren ab, und es gelang den Farbenfabriken, eine ganze Reihe brauchbarer Spezialfarbstoffe für Azetatseide in den Handel zu bringen, so daß heute die Anfärbung dieser Faser keine großen Schwierigkeiten mehr bietet. Das Färben mit basischen Farbstoffen unter Verwendung eigens zu diesem Zwecke hergestellter Vorbehandlungsmittel hat daher heute in erster Linie nur noch historisches Interesse.

2. Das Entstehen der Kunstseiden.

Allen Kunstseidenherstellungsverfahren ist das Grundprinzip gemeinsam: Die Zellulose wird durch eine chemische Umwandlung in eine lösliche Form gebracht. Die syrupdicke Lösung wird durch feine Düsen in ein „Fällbad" gespritzt, in dem die Lösung erstarrt. Die noch plastische Masse wird durch eine geeignete Abzugsvorrichtung zu feinen Fäden ausgezogen. Bei der Azetatseide und Nitroseide kann als „Fällbad" auch heiße Luft verwendet werden, die das Lösungsmittel aufnimmt.

Die weitaus größte Bedeutung kommt heute der Viskoseseide zu. Wir wollen daher bei der Beschreibung der Herstellungsvorgänge auch mit dieser beginnen[1]:

A. Viskoseseide.

Ausgangsmaterial ist der Zellstoff, wie er von den Zellstoffabriken als Spezialzellstoff für Kunstseide geliefert wird. Einzelne Viskosefabriken benutzen als Ausgangsmaterial auch Baumwolle in Form von Abfällen, sog. „Linters" oder setzen Linters dem Holzzellstoff zu. Der Holzzellstoff wird von den Kunstseidefabriken in Platten von etwa $^1/_4$ qm Größe und wenigen Millimeter Dicke bezogen. Um über eine längere Produktionsperiode einen stets gleichmäßigen Ausgangsstoff zu haben, was auch in färberischer Beziehung von großer Bedeutung ist, werden in den Kunstseidefabriken sehr große Zellstoffläger unterhalten (Abb. 14), in denen für jede Charge oder „Spinnserie" gleich viele Platten aus vielen Zellstoffballen gemischt werden. Die Zellstoffplatten werden in besonderen Vorrichtungen konditioniert, d. h. auf den gleichen Wassergehalt

[1] Vgl. Moog: Broschüre der Vereinigten Glanzstoff-Fabriken A. G. Elberfeld 1930.

gebracht. Auch dies ist für die Homogenisierung von großer Bedeutung. Im Anschluß daran beginnt die

Herstellung der Spinnlösung. Die Zellstoffplatten werden mit einer etwa 18%igen Lösung von Ätznatron in Wasser getränkt oder „getaucht". Bei diesem Vorgang tritt eine starke Quellung der Zellulose ein und ein Teil des Ätznatrons wird chemisch gebunden. Unter hohem Druck wird jetzt ein bestimmter Teil der Ätznatronlauge abgepreßt. Das Abpressen geschieht in stehenden hydraulischen Pressen (Abb. 15) oder moderner in sog. Tauchpressen (Abb. 16), einem Apparat, in dem

Abb. 14. Zellstofflager.

Tauchen und Abpressen nacheinander erfolgt. Bei dem Abpressen fließt die sog. „Preßlauge" ab, die Verunreinigungen des Zellstoffes enthält. Da das in ihr enthaltene Ätznatron einen hohen Wert darstellt, wird diese Preßlauge nach gründlicher Reinigung in den meisten Fällen wieder verwendet.

Aus dem Zellstoff hat sich nun die „Natronzellulose" gebildet, die in speziellen Apparaten zerkleinert oder „zerfasert" wird (Abb. 17). Das zerkleinerte Gut stellt eine weiße, krümelige Masse dar und wird in eisernen Kästen aufgefangen. Diese Kästen gelangen nun in die „Vorreife", d. i. ein sorgsam temperierter Raum, in dem die Natronzellulose einige Tage sich selbst überlassen bleibt. Während der Vorreife findet ein chemischer Prozeß statt, dessen Mechanismus noch nicht restlos geklärt werden konnte. Am ehesten kommt diese Vorreife einer

„Verkleinerung der Molekülverbände der Zellulose“ (vgl. S. 29) gleich. Von dieser Reife wird die Viskosität der Spinnlösung und damit die Verspinnbarkeit und die Anfärbung des fertigen Fadens maßgeblich beeinflußt, deshalb wird von den Kunstseidenfabriken diesem Prozeß peinliche Aufmerksamkeit gewidmet, wobei in erster Linie auf die geringsten Temperaturschwankungen des Reiferaumes geachtet werden muß.

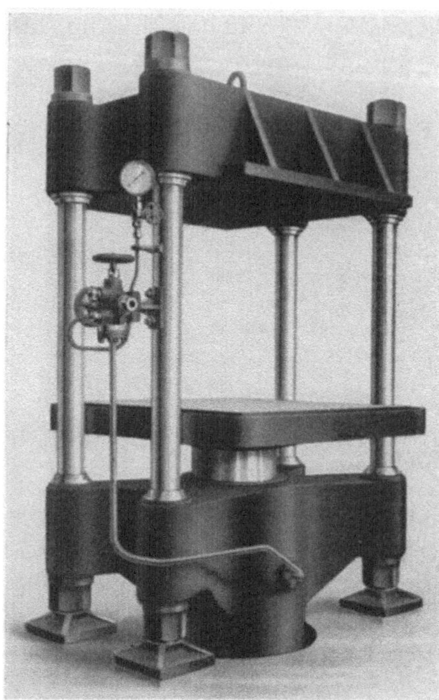

Abb. 15. Hydraulische Presse (Wegelin und Hübner, Halle a. S.).

Nach Ablauf der vorgesehenen Reifezeit erfolgt die Umwandlung der Natronzellulose in das sog. „Xanthat“ (Natriumzellulosexanthogenat). Man behandelt die aus der Vorreife kommende Natronzellulose mit Schwefelkohlenstoff. Diese „Sulfidierung“ geschieht in den Sulfidiertrommeln oder „Baratten“ (Abb. 18), das sind waagerecht liegende, drehbare, runde oder sechseckige Trommeln. Durch die Achse der sich ständig drehenden Trommel wird der Schwefelkohlenstoff zugeführt. Das Endprodukt der Sulfidierung, das Xanthat, ist eine rötlich-gelbe, krümelige Masse. Sie gelangt aus den Baratten in die sog. Mischer, das sind Gefäße mit Rührwerken, in denen sie in verdünnter Natronlauge gelöst wird. Auch bei diesem Vorgang spielt die Temperatur eine große Rolle, weshalb die Mischer mit Mänteln umgeben sind, die Kühlung oder Erwärmung gestatten. In diesen Mischern entsteht nun die „Viskose“, eine zähflüssige, gelb bis braun gefärbte Flüssigkeit.

Die Viskose wird in Filterpressen durch mehrmaliges Filtrieren von ungelösten Bestandteilen befreit. Nach sorgfältiger Entlüftung gelangt sie in die Nachreifekessel und schließlich in die Spinnkessel, aus denen sie den Spinnmaschinen zugeführt wird.

Spinnerei. An den Spinnmaschinen gelangt die Viskose zunächst in die Spinnpumpe. Diese erfüllt den Zweck, stets gleichbleibende Mengen von Viskose den einzelnen Spinnstellen zuzuführen, um so die Gleichmäßigkeit des Titers zu gewährleisten. Zu jeder Spinnstelle gehört also eine Spinnpumpe. Da die Viskose stets gleiche Mengen gelöster Zellulcs enthält, und die Aufnahmeorgane stets mit gleicher Geschwindigkeit den gebildeten Faden abziehen, so ist die Dicke des Fadens nur abhängig von der Menge Viskose, die die Spinnpumpe fördert. Durch Steigerung

Abb. 16. Tauchpresse (M. Häusser, Neustadt a. H.).

der Pumpengeschwindigkeit wird also mehr Viskose gefördert und der Faden wird entsprechend gröber. Regelmäßige Kontrolle der Spinnpumpen ist in den Kunstseidenspinnereien Grundbedingung für die

Abb. 17. Zerfaserer (zum Entleeren gekippt).

Erzeugung eines titergleichen Fadens, unregelmäßig laufende Spinnpumpen ergeben naturgemäß Abweichungen in der Fadendicke, sog. „Titerschwankungen", die sich später in der Fertigware außerordentlich störend bemerkbar machen.

Wir kehren nunmehr wieder zum Spinnprozeß selbst zurück. Die folgende Abbildung zeigt ihn schematisch (Abb. 19). Eine Spinnstelle besteht demnach aus der Spinnpumpe, der Filterkerze, dem Fällbad oder Spinnbad, der Spinndüse und dem Abzugsorgan für den Faden.

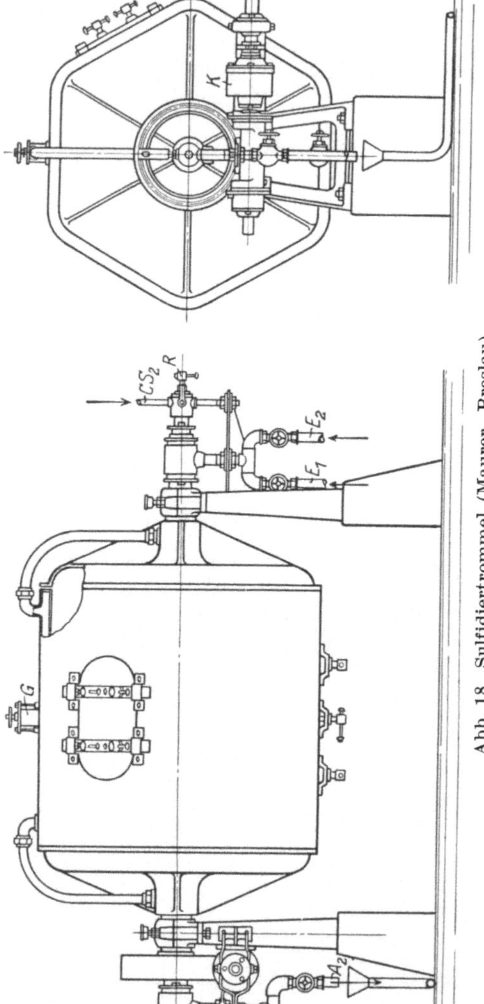

Abb. 18. Sulfidiertrommel (Maurer, Breslau).

Als Spinnpumpe wird heute fast allgemein die Zahnradpumpe (Abb. 20) angewendet, während man früher vielfach mit Kolbenpumpen arbeitete (Abb. 21).

Das Fällbad bewirkt die Zersetzung der Viskose zur umgewandelten Zellulose, wobei sich unter anderem Schwefel abscheidet, der zum Teil vom Faden mitgenommen wird. Die Zusammensetzung des Fällbades ist Geheimnis der einzelnen Kunstseidenspinnereien, es besteht im wesentlichen aus verdünnter Schwefelsäure und Natriumsulfat. Auf die Bereitung, Reinigung und Regenerierung der Spinnbäder kann im Rahmen dieses Buches nicht näher eingegangen werden.

Die Spinndüsen, aus Edelmetallen oder Legierungen mit solchen hergestellt (Abb. 22), haben außerordentlich feine Bohrungen, aus denen die Viskose herausgepreßt wird. Die Anzahl der Löcher bestimmt die Anzahl der Einzelfädchen im Gesamtfaden. Verdoppelt man die Anzahl der Bohrungen einer Spinndüse, die beispielsweise 120 Denier mit 24 Einzelfäden spinnt, so entsteht jetzt ein Faden von 120 Denier mit 48 Einzelfäden, d. h. also, der Einzeltiter ist von 5 Denier auf 2,5 Denier zurückgegangen. Daß man in diesem Falle zweckmäßigerweise den Durchmesser der Düsenlöcher ändert, erscheint einleuchtend. Bis zu diesem Punkt ist die Arbeitsweise in allen Viskoseseidenfabriken prinzipiell dieselbe, erst bei den nun folgenden Prozessen unterscheiden sich die einzelnen Verfahren nach Zentrifugen-, Hülsen- oder Spulen- und Walzenverfahren. Aus der folgenden schematischen Darstellung (Abb. 23, S. 14) sind diese Unterschiede ohne weiteres ersichtlich.

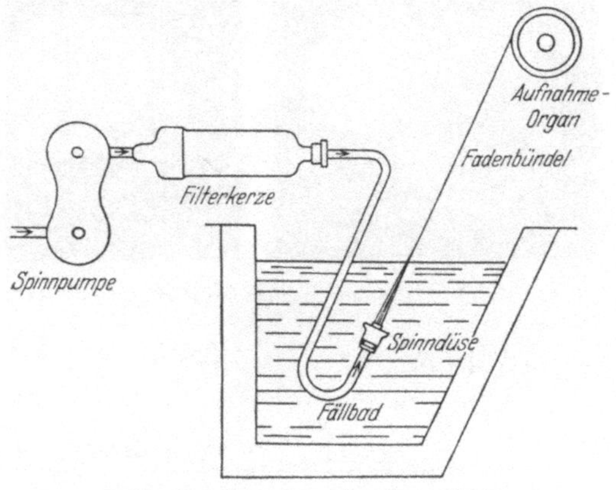

Abb. 19. Spinnprozeß schematisch.

Wir beginnen mit dem Zentrifugenverfahren. Die Abb. 24 stellt den Spinnprozeß schematisch dar. Der aus der Düse austretende Faden läuft über eine Rolle, eine sog. „Galette" und von da herunter durch eine Führung, den „Spinntrichter" in die Zentrifuge oder den Spinntopf. Dieser dreht sich mit großer Geschwindigkeit (etwa 5000 Umdrehungen in der Minute) um seine senkrechte Achse. Dadurch wird der noch nasse Faden an die Wand des Spinntopfes geschleudert und gleichzeitig gezwirnt. Dieser Fortfall eines besonderen Zwirnvorganges ist der Hauptvorteil des Zentrifugenverfahrens. Der Spinntopf (Abb. 25) besteht meist aus einem Metallmantel mit Hartgummieinlage oder Bakelitüberzug. Durch regelmäßige Auf- und Abwärtsbewegung des Spinntrichters legen sich im Spinntopf die einzelnen Fadenlagen zu dem

Abb. 20. Zahnradspinnpumpe (Arendt und Weicher, Berlin).

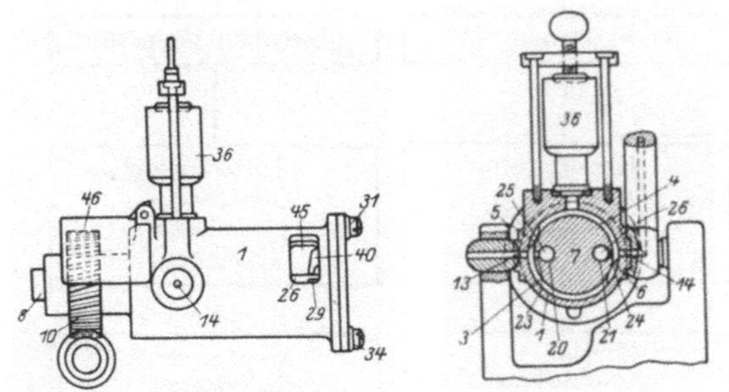

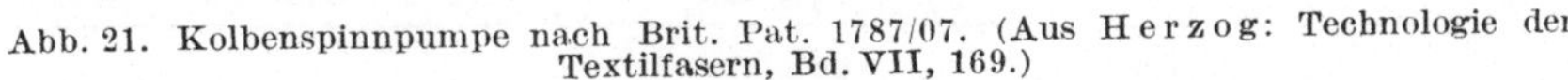
Abb. 21. Kolbenspinnpumpe nach Brit. Pat. 1787/07. (Aus Herzog: Technologie der Textilfasern, Bd. VII, 169.)

ziemlich kompakten „Spinnkuchen" zusammen. Nach einer bestimmten Zeit, etwa wenn 8000 m Faden von dem Spinntopf aufgenommen

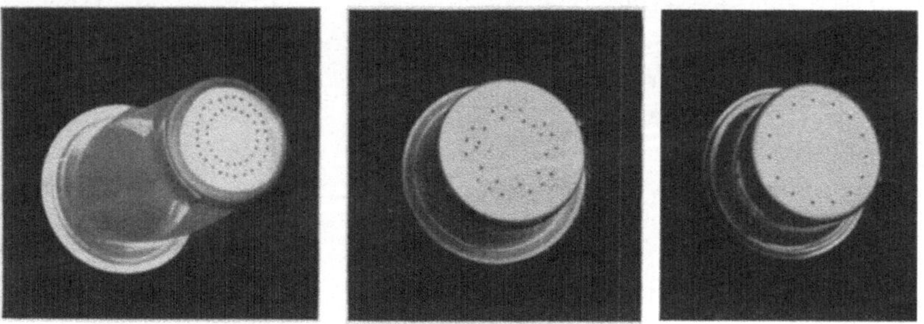

Abb. 22. Spinndüsen. (Aus Herzog: Technologie, Bd. VII, 172.)

Schema verschiedener Fabrikationsmethoden nach dem Viskoseverfahren

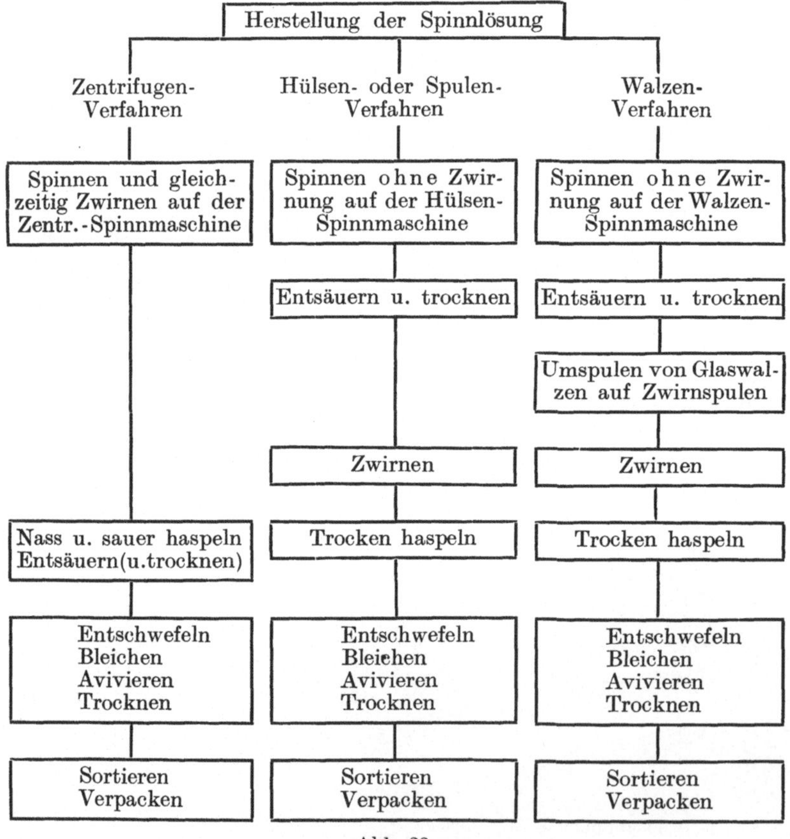

Abb. 23.

worden sind, wird dieser ausgewechselt und der Kuchen herausgestülpt. Derartige Kuchen sind in der Abb. 31 deutlich zu erkennen.

Beim Hülsen- oder Spulenverfahren dient als Aufnahmeorgan für den frisch gesponnenen Faden eine meist perforierte Spule aus lackiertem oder bakelitisiertem Aluminium (Abb. 26) von einem Durchmesser von 7—10 cm und einer Länge von 13—15 cm. Eine solche Hülse kann mehrere 1000 Meter Faden aufnehmen. Ist sie genügend besponnen, wird sie gegen eine neue ausgewechselt. Die besponnene Spule enthält neben dem Faden noch größere Mengen von diesem mitgerissenen Spinnbades, das durch längeres Tauchen der Spulen in Wasser oder durch Berieseln der Spulen mit Wasser, evtl. auch durch Hindurchdrücken oder Durchsaugen des Wassers entfernt wird. In besonderen Apparaten (Abb. 27) werden die entsäuerten Spulen getrocknet und sind in diesem Zustand für die textile Weiterverarbeitung in der Kunstseidenspinnerei fertig.

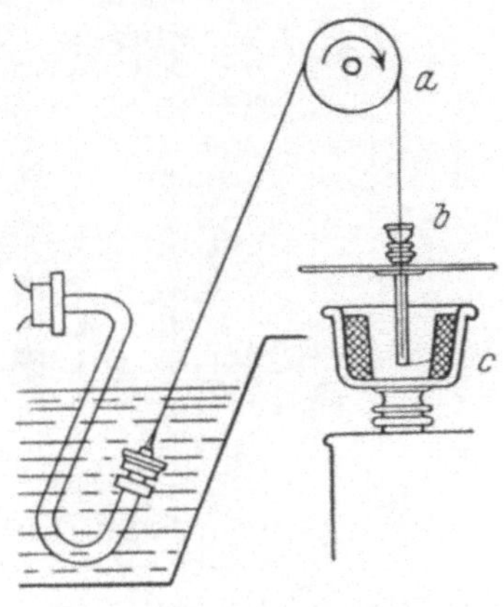

Abb. 24. Zentrifugenverfahren. *a* Abzugsrolle (Galette), *b* Spinntrichter, *c* Spinntopf.

Beim Walzenverfahren verwendet man als Aufnahmeorgan eine große Glaswalze von etwa 20 cm Durchmesser und 30 cm Länge. Es ist klar, daß eine derartige große Walze bedeutend mehr Faden aufnehmen

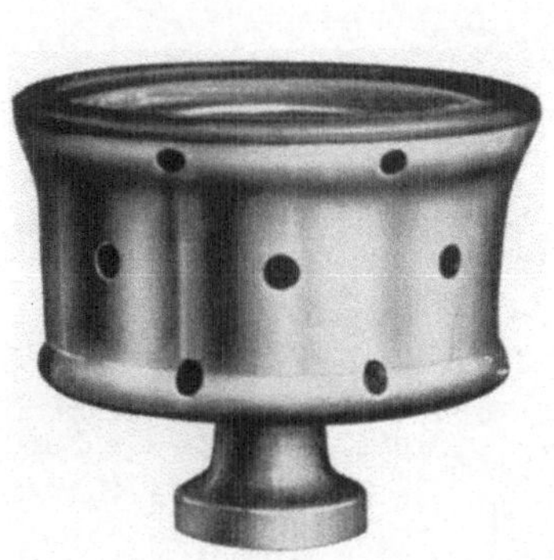
Abb. 25. Spinntopf.

Abb. 26. Spinnspule.

kann als eine Spule. Die vollbesponnene Walze wird nun durch Berieseln gewaschen, getrocknet und auf besondere Zwischenspulen (Abb. 28) umgespult, da die großen Walzen nicht direkt wie die Spulen auf die Zwirnmaschinen gesetzt werden können.

Abb. 27. Spulentrockner (Fr. Haas, Lennep).

Abb. 28. Walzenspulerei.

Spulen- und Walzenseide muß jetzt im Gegensatz zur Zentrifugenseide noch gezwirnt werden. Dies geschieht auf besonderen Zwirnmaschinen.

Abb. 29 zeigt den Zwirnvorgang schematisch. Zweck des Zwirnens ist die Drehung der parallel liegenden Einzelfasern, damit der Faden die notwendige Geschlossenheit erhält, die sowohl für die weitere Bearbeitung im Herstellungsprozeß als auch für die Verarbeitung bei dem Verbraucher erforderlich ist. Dazu werden die Spinnspulen (bzw. die Zwirnspulen beim Walzenverfahren) auf die Spindeln der Zwirnmaschinen aufgesteckt. Der Faden wird unter starker Rotation dieser Spinnspulen abgezogen und so in gezwirntem Zustand auf neue Spulen aufgewickelt. Die Abb. 30 zeigt die Ansicht einer Zwirnmaschine.

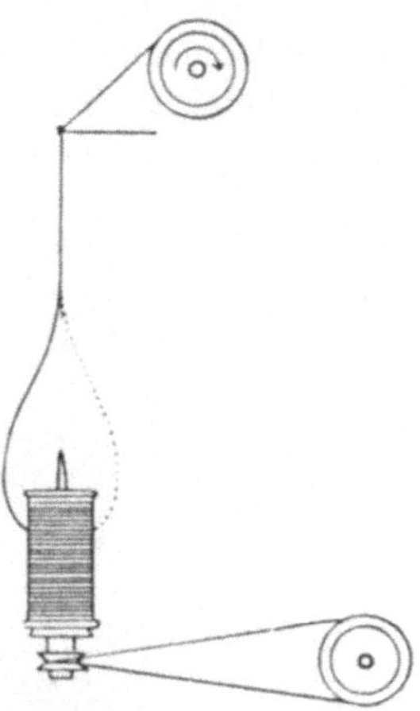

Abb. 29. Zwirnvorgang schematisch.

Der gezwirnte Faden wird nun in Strangform gebracht. Dies geschieht in der Haspelei. Hier müssen wir wieder das Zentrifugenverfahren besonders betrachten, weil hier der noch saure, nasse Faden gehaspelt wird, im Gegensatz zu dem Spulen- und Walzenverfahren, bei dem das Haspeln trockener Fäden erfolgt. Abb. 31 zeigt die Kuchenhaspelei. In die noch sauren, nassen Kuchen wird eine Gummimanschette gesteckt und der Faden über Kopf auf die Haspelkrone, die

Abb. 30. Etagenzwirnmaschine.

hier meist zwei Stränge aufnimmt, gebracht. Bei den Spulen- und Walzenseiden erfolgt das Haspeln von den Zwirnspulen aus, es werden hier meist 8—10 Stränge nebeneinander auf einen breiten Haspel gebracht (Abb. 32).

Sind die Stränge fertig, so werden sie mit Unterbändern versehen, sie werden „gefitzt“, damit sie ihre Form behalten, die ein glattes Ablaufen beim Verbraucher gewährleistet. Die an sich so einfach erscheinende Fitzung ist in Wirklichkeit doch recht kompliziert und erfordert

Abb. 31. Kuchenhaspelei.

eine sehr große Erfahrung. Von der Art der Fitzung hängt für das glatte Ablaufen der Stränge in der Winderei außerordentlich viel ab. Die Kunstseidenspinnereien haben diese Frage jahrelang eingehend studiert. Aus der Lage der Fitzbänder werden bei evtl. auftretenden Windeschwierigkeiten vielfach von seiten der Verarbeiter ganz falsche Schlüsse gezogen: Oft wird z. B. die Fitzung als unregelmäßig bezeichnet, wenn zwischen den einzelnen Umschlingungen des Fitzgarnes verschieden starke Gruppen von Kunstseidenfäden liegen. Gerade diese Unregelmäßigkeit ist aber erforderlich, um ein Zusammenschieben der Fitzbänder, wodurch beim Färben die sog. „Nester" gebildet werden, zu vermeiden. Die Lage der Fitzbänder muß stets in einer bestimmten Anordnung zu dem Haspelkreuz des Stranges stehen, damit ein einwandfreies Abwinden möglich ist. Es muß betont werden, daß die Kunstseidenstränge heute in einem derartigen Zustand geliefert werden, daß Windeschwierigkeiten meist auf die Behandlung der fertigen Seide in der Färberei zurückzuführen sind (vgl. S. 57). Wie wir weiter unten sehen werden, müssen die Stränge in der Kunstseidenspinnerei selbst noch eine ganze Reihe von Naßbehandlungen durchmachen, nach deren Abschluß sie noch tadellos

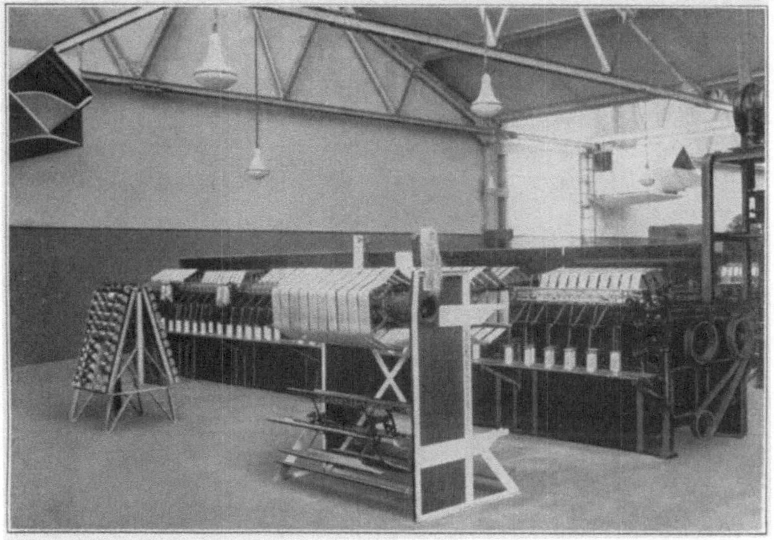

Abb. 32. Haspeln und Fitzen.

windbar sind. Wenn sie sich nun nach einer weiteren Naßbehandlung, dem Färben, nicht mehr winden lassen, so ist der Verdacht wohl nicht unbegründet, daß dieser eine weitere Prozeß die Schuld für das schlechte Abwinden tragen muß. Anders liegen die Verhältnisse allerdings bei Strängen, die sog. „ungleichen Haspel" aufweisen, d. h. deren Stranginnenteil kürzer ist als die Außenlagen des Stranges. Diese Erscheinung wird bewirkt durch ein nachträgliches Schrumpfen der Fäden, auf das die Spinnerei nur wenig Einfluß hat. Derartige Stränge sind tatsächlich nach dem Färben schwerer windbar, werden aber von der Kunstseidenspinnerei schon zu den Minderqualitäten sortiert. Einzelne „durchhängende Fäden", wie sie an Strängen zuweilen vorkommen, sind, wenn sie nicht in zu starkem Maße auftreten, nicht gefährlich, da sie beim Winden keine Schwierigkeiten verursachen.

Die gefitzten Stränge gelangen nun in die Strangwäsche. Dieser fällt die Aufgabe zu, die noch aus der Spinnerei dem Faden anhaftenden

Verunreinigungen, wie Schwefel und Salze, zu entfernen. Die Stränge werden in die einzelnen Behandlungsbäder entweder getaucht oder von diesen berieselt. Die Abb. 33 zeigt eine Waschpassage der erst erwähnten Art. In einer größeren Anzahl Bäder wird nach dem Netzen zunächst der Schwefel entfernt. Dies geschieht durch Schwefelnatrium oder Natriumsulfit. Im Anschluß daran wird das alkalische Schwefelnatrium ausgewaschen, die Seide abgesäuert, die Säure wieder ausgewaschen, nach Bedarf mit Hypochlorit gebleicht, woran sich wieder ein Absäuern anschließen muß, und aviviert. Die Behandlung in der Strangwäsche erfolgte früher wie in der Färberei auf Stäben, wobei jedoch diese manuelle

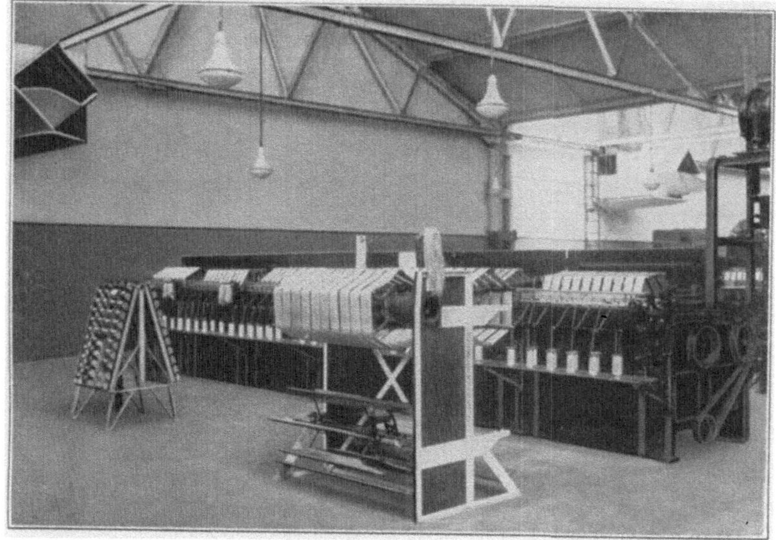

Abb. 33. Waschpassage.

Arbeitsweise oft zu Beschädigungen der Seide führte. Heute verwendet man daher hauptsächlich Maschinen nach Art der Färbemaschinen. Bei der Rieselwäsche hängt man die Stränge auf Stäbe, die durch mechanisch angetriebene Transportvorrichtungen fortbewegt werden, wobei sie nacheinander mit den verschiedenen Bädern berieselt werden.

Avivage. Große Bedeutung kommt der Avivage zu. Von dieser wird in erster Linie verlangt, daß sie leicht wieder von der Seide zu entfernen ist. Außerdem muß sie der Seide einen angenehmen, weichen Griff verleihen und die Verarbeitung in Weberei und Wirkerei erleichtern. Die Auswahl der Avivage, die allen diesen Ansprüchen genügt, ist für die Kunstseidenspinnereien natürlich schwierig, und es ist daher erklärlich, daß die einzelnen Fabriken die verschiedensten Avivagemittel verwenden, deren Auswahl nicht zuletzt auch durch das Hauptabsatzgebiet der betreffenden Kunstseide bzw. ihren Verwendungszweck mit bestimmt wird.

Die avivierten Stränge verlassen tropfend naß das letzte Bad. Sie werden dann in Zentrifugen durch Abschleudern von der überschüssigen

Abb. 34. Strangtrockner.

Abb. 35. Sortierung.

Flüssigkeit befreit, auf Stäbe gehängt und in Trockenkammern oder Kanälen getrocknet (Abb. 34). Der eigentliche Herstellungsprozeß ist damit beendet. Jedoch erfordern die hohen Ansprüche, die der Verarbeiter an das Material stellt, eine sorgfältige Sortierung. Diese wird von Hand vorgenommen, wobei jeder einzelne Kunstseidenstrang auf seinen Allgemeinzustand und auf etwa vorhandene Beschädigungen untersucht (Abb. 35) und entsprechend nach Prima, Sekunda usw. klassifiziert wird (s. S. 2). Die sortierten Stränge werden in der Packerei gebündelt, verpackt und versandfertig gemacht.

Direkte Spinnverfahren. Dem Leser wird aufgefallen sein, daß die Kunstseidenspinnerei vom Zellstoff bis zum Endzustand einen sehr langen Weg darstellt. Es erscheint daher verständlich, daß es nicht an Vorschlägen gefehlt hat, einzelne Arbeitsprozesse, wenn auch nicht ganz fallen zu lassen, so doch mit andern zu kombinieren. Eine genaue Beschreibung dieser ,,direkten" oder ,,abgekürzten" Spinnverfahren ist hier nicht am Platze, hier ist die Entwicklung noch sehr im Anfangsstadium und außerdem sind die einzelnen bis jetzt brauchbaren Verfahren streng gehütetes Betriebsgeheimnis [1]. Wir wollen die in der Fabrikation der Viskoselösung angestrebten Vereinfachungen hier übergehen und uns gleich den Spinnverfahren selbst zuwenden. Bei der Zentrifugenspinnerei wird zum Teil heute der Spinnkuchen, so wie er aus dem Spinntopf kommt, in geeigneten Apparaturen gewaschen, entschwefelt, aviviert und getrocknet. Der Spinnkuchen kann als ,,Spulkranz" oder ,,Spulstrang" in den Handel gebracht werden. Er kann in diesem Zustand beim Verarbeiter entweder auf Spezialhäspeln wie ein Strang tangential oder ebenfalls auf Spezialapparaten über Kopf abgezogen werden. In der Kunstseidenspinnerei kann er ferner in trockenem Zustand wie bei der Spulen- und Walzenseide in Strangform oder — was bedeutend interessanter ist — direkt, also unter Umgehung des Stranges, in die Form von konischen oder zylindrischen Kreuzspulen gebracht werden. Die Kreuzspule erfreut sich in Wirkerei und Weberei wachsender Beliebtheit.

Bei den Spulen- und Walzenseiden verlegt man den Waschprozeß auf das auf der Spinnspule oder Walze befindliche Gespinst, indem man die einzelnen Behandlungsflüssigkeiten hindurchpreßt oder -saugt. Nach dem Trocknen kann das Gespinst dann ebenfalls unter Umgehung des Stranges auf Spulen (Scheibenspulen, zylindrische oder konische Kreuzspulen) gebracht werden.

Spezialverfahren.

a) Mattseiden und Tiefmattseiden. Die heute im Handel befindlichen Mattseiden, die besonders in der Strumpfindustrie sehr beliebt sind, werden in den weitaus meisten Fällen nicht oberflächlich mattiert, sondern gleich matt gesponnen. Man bewirkt dies dadurch, daß man der Viskose Stoffe in äußerst fein verteilter Form zumischt, wodurch

[1] Vgl. hierzu Götze: Seide **37**, 50 (1932).

der der Kunstseide sonst eigene Hochglanz gebrochen wird. Als solche Stoffe kann man Öle oder Pigmente verwenden. Mit Pigmenten mattierte Seiden bezeichnet man mit „Tiefmattseiden". Die auf diese Weise hergestellten Mattseiden haben den nachträglich mattierten gegenüber den

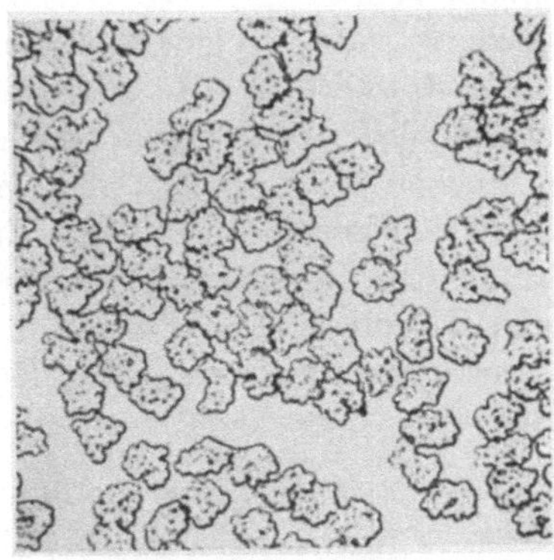

Abb. 36. Glanzstoff „Glamador", feinfädige Mattseide. Vergr. 250fach.

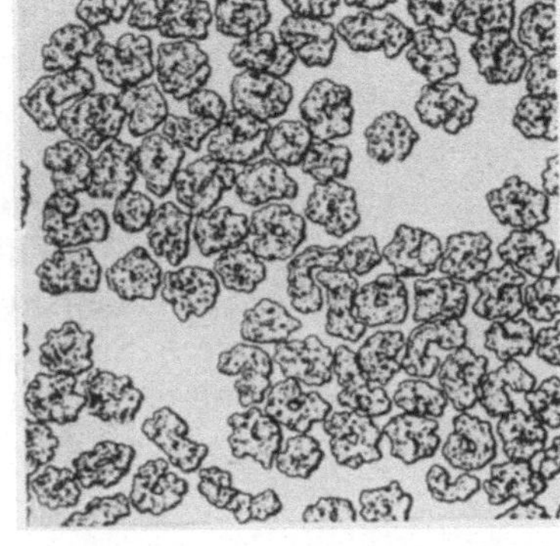

Abb. 37. Glanzstoff „Orsuma", feinfädige Tiefmattseide. Vergr. 250fach.

großen Vorteil, daß sie den matten Charakter durch Waschen der Fertigware nicht verlieren. Die Abb. 36 zeigt das Querschnittsbild einer Mattseide, die Abb. 37 das einer Tiefmattseide. Die Einlagerungen sind deutlich zu erkennen.

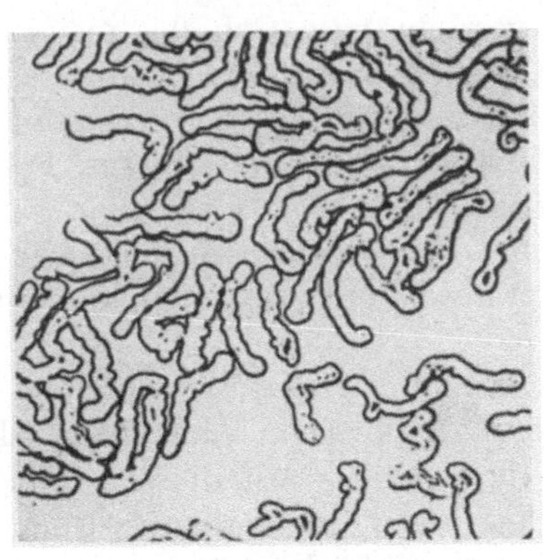

Abb. 38. Celta-Luftseide. Vergr. 250fach.

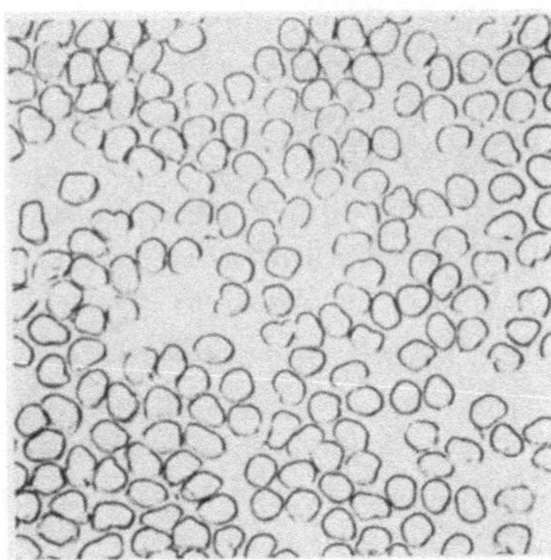

Abb. 39. Glanzstoff „Sedura", feinstfädige Festseide. Vergr. 250fach.

b) Luftseiden. Von den Luftseiden ist die „Celta" die bekannteste. Diese Seiden zeichnen sich vor den anderen durch ein größeres Volumen und damit durch eine erhöhte Deckkraft aus. Ihr Querschnitt ist bändchenförmig (Abb. 38). Der Viskose werden Chemikalien zugemischt, die mit der Fällbadflüssigkeit Gase entwickeln. Hierdurch entsteht jede Einzelfaser als feiner Schlauch. Eigentliche Lufteinschlüsse werden im fertigen Faden meist nicht mehr gefunden, da noch beim Spinnen die Wände des Schlauches zusammenfallen und miteinander koagulieren. Es gelingt jedoch häufig durch Behandeln des Querschnittes unter dem Mikroskop mit quellenden Agenzien (z. B. Kupferoxydammoniak oder Natronlauge), den Schlauch wieder aufzublähen.

c) Festseiden. Unter dem Namen „Sedura" ist heute eine Kunstseide im Handel, die von den Vereinigten Glanzstoffabriken A.G. hergestellt und auch mit „Lilienfeldseide" bezeichnet wird. Diese Seide zeichnet sich durch eine ganz besonders hohe Trocken- und Naßfestigkeit aus (vgl. S. 5) und ist dabei ganz besonders feinfaserig (Abb. 39). Entgegen der vielverbreiteten Ansicht, daß in der Lilienfeldseide ein sog. Zelluloseäther vorliegt, ist die Sedura eine Viskoseseide. Sie erhält diese hohen Festigkeiten durch Spinnen in starke Schwefelsäure. Man kann diesen Prozeß etwa mit der Pergamentierung vergleichen.

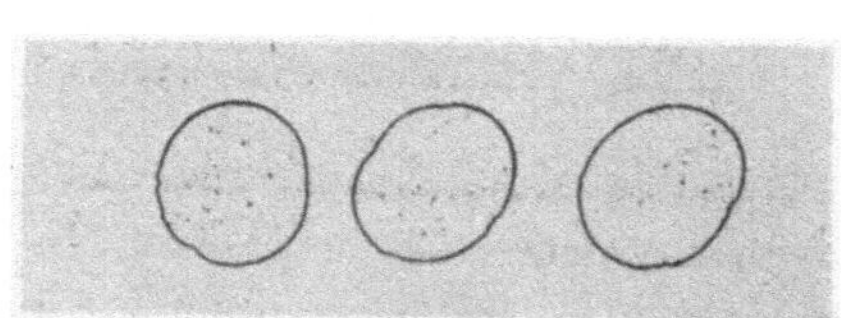

Abb. 40. Glanzstoff „Sirius".

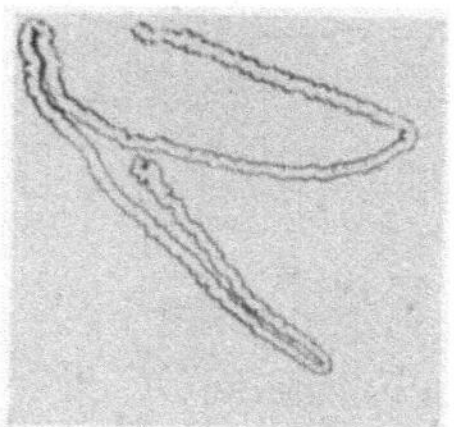

Abb. 41. Glanzstoff „Viska".

d) Monofile Produkte. Hierunter versteht man Gebilde, meist aus Viskose, die nicht wie Kunstseidenfäden aus mehreren Einzelfasern bestehen, sondern einheitliche Körper darstellen. Am bekanntesten ist wohl das „Sirius" der Vereinigten Glanzstoffabriken. Dieser Faden (Abb. 40 zeigt einen Siriusfaden im Querschnitt) hat meist eine Dicke von 360 Denier und wird als künstliches Roßhaar oder geschnitten als Kunstborste verwendet. Seine Hauptanwendungsgebiete sind neben Borsten Litzen und Putzstoffe.

Läßt man die Viskose aus einer schlitzförmigen Düse austreten, so erhält man Kunstbändchen [z. B. „Viska" (Abb. 41)]. Ähnliche Artikel erhält man auch durch Walzen von Siriusfäden. Auf diesem Gebiete gibt es eine ganze Reihe von Kombinationen, so werden z. B. auch Kunstseidenfäden nachträglich noch einmal mit Viskose überzogen. Alle diese Artikel sind sehr stark der Mode unterworfen.

B. Kupferseide.

Die bedeutendste Kupferseide ist heute die „Bembergseide". Das Kupferverfahren beruht auf der Löslichkeit der Zellulose in Kupferoxydammoniak. Als Rohmaterial wird fast durchweg Baumwolle in Form von Linters verwandt.

Herstellung der Spinnlösung. Die auf sog. „Kratzen" aufgelockerten Linters werden zunächst einer Kochung unter Druck mit dünner Natronlauge unterworfen (Bäuche), damit sie gründlich entfettet werden. Hiernach werden sie in sog. Mahlholländern zerkleinert und im Anschluß daran gebleicht. Kristallisiertes Kupfersulfat wird in warmem Wasser gelöst, und die Lösung auf etwa 0° C abgekühlt. Allmählich wird Natronlauge zugegeben, wobei unter geeigneten Vorsichtsmaßregeln das hellblaue Kupferhydroxyd ausfällt. Der Niederschlag mitsamt der überstehenden Flüssigkeit wird nun in einem Holländer mit den zerkleinerten Linters zusammengebracht, wobei ein Brei von Kupfernatronzellulose entsteht. Dieser Brei wird in Filterpressen auf ein bestimmtes Gewicht abgepreßt und in Zerfaserern nochmals zerkleinert. In einem Rührkessel wird dem Gut nunmehr konzentriertes Ammoniak und einige andere Chemikalien zugegeben. Im Verlaufe von etwa 5 Stunden hat sich die Zellulose gelöst. Mit Ammoniak und Natronlauge wird die für das Verspinnen erforderliche Verdünnung hergestellt.

Die Spinnlösung wird mehrere Male filtriert und zur Entfernung von Luftbläschen längere Zeit evakuiert.

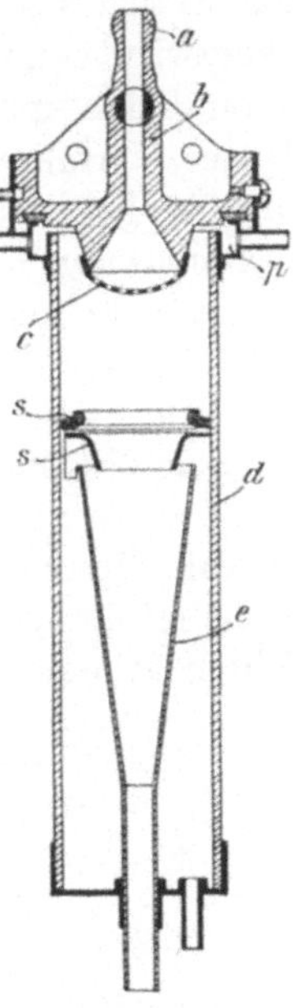

Abb. 42. Spinntrichter für Bemberg-Seide. (Aus Herzog: Technologie, Bd. VII, 126.)

Die Spinnerei. Die Kupferseide wird meist auf einen Haspel gesponnen, wobei also ein Strang entsteht. Besonders interessant ist beim Kupferverfahren die Anordnung des Fällbades, wie aus der Abb. 42 ersichtlich. Die Spinnflüssigkeit gelangt durch ein Zuflußrohr *a* in den Brausenkopf *b* und tritt durch die Spinnbrause *c* in den Fällzylinder *d*. Das Faserbündel sinkt sodann in den Glastrichter *e*. Die Fällbadflüssigkeit tritt durch das seitliche Rohr am Boden des Fällzylinders ein, steigt in dem Zylinder *d* empor und tritt über den Ring *s* in den Glastrichter *e* ein. Durch das in diesem Trichter nach unten strömende Fällbad wird das Faserbündel mitgenommen und ausgezogen. Frische Fällflüssigkeit strömt durch *p* in den Zylinder hinein. Über einen Fadenführer tritt der Faden aus, der nun noch eine weitere Streckung erfährt. Dann durchläuft er eine Absäurungsrinne, wobei er zum größten Teil entkupfert wird und erhärtet. Im Anschluß daran wird er auf den Haspel gewickelt. Als Fällbad verwendet man hier meist schwach angesäuertes Wasser von 28—30° C. Auf dem Haspel wird die Kupferseide noch in nassem Zustand gefitzt.

Die Nachbehandlung ist beim Kupferverfahren wesentlich anders als beim Viskoseverfahren. Hier handelt es sich lediglich darum, die noch im Faden enthaltenen Kupferverbindungen restlos auszuwaschen, was meist mit verdünnter Schwefelsäure geschieht, die ihrerseits wieder mit Wasser sorgfältig ausgewaschen wird. Verwendet man an Stelle der Schwefelsäure Oxalsäure, so tritt gleichzeitig ein Bleichen ein.

Man erhält die auf dem Haspel anfallende Seide natürlich in ungezwirntem Zustand. Die außerordentliche Feinheit der Einzelfasern mit ihrer Neigung, beim Spinnen etwas zu verkleben, gestatten hier unter Verwendung geeigneter Präparationen die Verarbeitung ungedrehter Seide in einzelnen Fällen. Will man gedrehte Seide herstellen, so müssen die Stränge auf Scheibenspulen abgewunden werden. Von dort werden sie abgezwirnt und auf versandfähige Scheibenspulen gebracht. Gedrehte Strangseide muß von diesen herunter erst wieder gehaspelt werden. Dieses Verfahren ist durch das zweimalige Haspeln und Fitzen recht umständlich, weshalb man teilweise Kupferseide auch auf Zentrifugenspinnmaschinen gesponnen hat. Diese Methode bringt aber wieder andere Schwierigkeiten mit sich.

C. Nitroseide.

Das Nitroseideverfahren wird heute nur noch in ganz kleinem Maße angewandt, und zwar unseres Wissens noch von Tubize und Magyarovar. Besonders die letztere Firma ist mit der Herstellung feiner Titer recht erfolgreich gewesen. Man kann bei der Nitroseide nach zwei Verfahren arbeiten, nämlich dem Trocken- und Naßspinnverfahren.

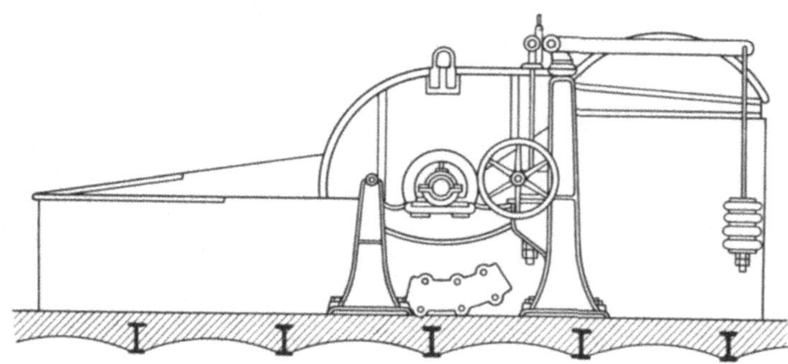

Abb. 43. Schneidholländer (J. M. Voith, Heidenheim).

Herstellung der Spinnlösung. Ausgangsmaterial ist wie bei der Kupferseide meist Zellulose in Form von Linters. Diese werden wieder sorgfältig gereinigt und gebleicht. Die gereinigten Linters werden nitriert. Man bewirkt dies durch Behandlung mit einer Mischsäure aus Salpeter- und Schwefelsäure. Die Konzentrationsverhältnisse wechseln je nach Anwendung des Trocken- oder Naßspinnverfahrens. Die Nitrierung wurde früher allgemein in sog. „Nitriertöpfen" aus Steingut oder in Nitrierzentrifugen vorgenommen, in denen das Material nach beendeter Nitrierung auch abgeschleudert wurde. Heute arbeitet man nach einem anderen

Verfahren, dessen genaue Beschreibung hier jedoch zu weit führen würde. Die säurefeuchte Nitrozellulose wird mit kaltem und heißem Wasser gewaschen. Hierauf wird sie in einem Schneidholländer (Abb. 43) mit Wasser aufgeschwemmt und zerkleinert. Die zerschnittene Nitrozellulose wird mit heißem Wasser gewaschen und abgeschleudert. Hierauf wird abgepreßt und das restliche Wasser durch Alkohol vollständig verdrängt. Als Lösungsmittel für die trockene Nitrozellulose verwendet man Gemische von Äther und Alkohol, wodurch die sog. „Kollodiumlösung" entsteht. Diese Spinnlösung wird sorgfältig filtriert und entlüftet und dann wie bei der Viskose- und Kupferseide durch Düsen versponnen. Beim Trockenspinnen verwendet man als Fällbad warme Luft, die das Lösungsmittel verdunsten läßt, wobei der Faden erstarrt, beim Naßspinnen verwendet man in der Hauptsache Wasser. Das Zwirnen und Haspeln erfolgt in der üblichen Weise.

Denitrierung. Die nunmehr vorliegende Nitroseide ist sehr feuergefährlich, es ist infolgedessen erforderlich, sie zu „denitrieren". Dies wird bewirkt durch Behandlung in einem Alkalisulfhydratbad. Die Denitrierung muß äußerst sorgsam geschehen, damit die Seide unter anderem keine allzu große Festigkeitseinbuße erleidet.

Nach der Denitrierung werden die Stränge wie bei den anderen Kunstseideverfahren gewaschen, evtl. gebleicht, getrocknet und sortiert.

D. Azetatseide.

Die Azetatseide gewinnt in den letzten Jahren immer mehr an Bedeutung. Insbesondere gestattet sie in der Stückfärberei durch ihr von den andern Kunstseidenfasern vollständig abweichendes färberisches Verhalten die Erzielung von bunten Effekten in einem Farbbade. Als Azetatseide wird heute in Deutschland die „Rhodiaseta" und die „Aceta" hergestellt.

Herstellung der Spinnlösung. Ausgangsmaterial für die Herstellung der Azetatseide ist Baumwolle oder hochwertiger Zellstoff. Diese werden (nach mehreren Verfahren) mit Essigsäureanhydrid azetyliert, also in Azetylzellulose übergeführt. Aus der essigsauren Lösung fällt die Azetylzellulose durch Eingießen in Wasser in Form von körnigen, weißen Flocken aus. Diese werden abfiltriert, gewaschen und getrocknet und stellen als sog. „Zellit" nunmehr das eigentliche Ausgangsmaterial der Azetatseide dar. Als Spinnlösung verwendet man eine Auflösung dieses Zellits in Azeton oder anderen flüchtigen Lösungsmitteln.

Die Spinnerei. Man arbeitet heute bei der Azetatseide ausschließlich nach dem Trockenspinnverfahren. Ein Naßspinnen kommt aus wirtschaftlichen Gründen nicht in Frage. Abb. 44 zeigt die Ansicht einer Azetatseidenspinnmaschine. Im oberen Teil der geheizten Spinnzelle befindet sich die Spinndüse. Durch Verdunsten des Lösungsmittels entsteht das Fadenbündel, das unter einer geeigneten Führung durch Abzugsrollen unten aus der Spinnzelle herausgenommen wird. Bei der abgebildeten Maschine wird das Faserbündel sich drehenden Zwirnkopsen zugeführt, wodurch der Faden gleich in gezwirnter Form erhalten

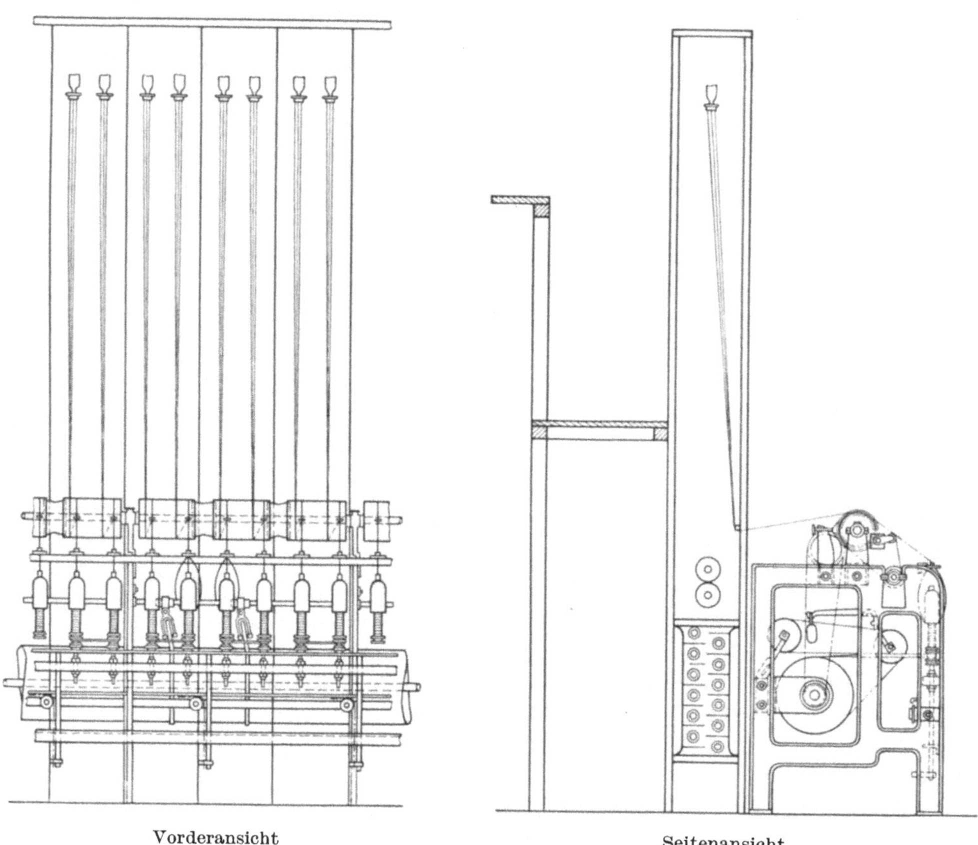

Abb. 44. Spinnmaschine für Azetatseide nach Brit. Pat. 198023. (Aus Herzog: Technologie, Bd. VII, 203.)

wird. Das Azetatseideverfahren hat in diesem Falle den anderen gegenüber die Vorteile des Fortfallens der Zwirnung und der Möglichkeit, gleich auf Spulen zu spinnen, wodurch die Haspelei überflüssig wird. In letzter Zeit ist es sogar gelungen, gleichzeitig während des Spinnens den frischgebildeten Faden zu schlichten, wobei man sich in erster Linie des Leinöls, gelöst in einem organischen Lösungsmittel, bedient, das in fein zerstäubter Form auf den Faden gesprüht wird.

Es soll nicht unerwähnt bleiben, daß auch in der Spinnlösung gefärbte Azetatseide im Handel ist.

3. Wissenschaftliches in der Kunstseidenfärberei.

In der Färberei spielen sich eine ganze Reihe von physikalischen und chemischen Vorgängen — oft sogar recht komplizierter Natur — ab. Zur Verhütung von Faserschädigungen und Fehlfärbungen ist daher wenigstens ein oberflächlicher Einblick in diese Erscheinungen von großem Wert. In erster Linie soll hier das Verhalten der Kunstseide zu den in der Bleicherei und Färberei zur Verwendung kommenden Chemikalien näher beleuchtet werden.

a) Viskose-, Kupfer- und Nitroseide.

Der Feinbau der Zellulosefaser. Zum Verständnis der im folgenden beschriebenen Vorgänge ist es zunächst nötig, den Aufbau einer Kunstseidenfaser näher kennenzulernen. Nach den heutigen Anschauungen ist die Faser nicht unmittelbar aus den Zellulosemolekülen aufgebaut, sondern aus Molekülgruppen, die auch mit „Micelle“ bezeichnet werden[1]. Diese Micelle haben kristallähnlichen Charakter, weshalb man sie auch „Kristallite“ nennt. Eingehende Untersuchungen haben zu dem interessanten Ergebnis geführt, daß diese Kristallite in der Zellulose stäbchenförmig gebaut sind. Wir haben uns demnach den Aufbau einer Zellulosefaser etwa vorzustellen wie eine Schachtel mit Bleistiften, die in verschiedener Höhe aneinandergelegt sind. Auf Grund des chemischen Aufbaus dieser Kristallite treten Nebenvalenzkräfte auf, die den Zusammenhalt dieser einzelnen Bausteine gegeneinander bewirken. Nun liegen die Kristallite in der Kunstseidenfaser aber nicht so parallel und regelmäßig nebeneinander wie diese Bleistifte, sondern ihre Lage ist unregelmäßig. Wie eingehende röntgenographische Untersuchungen an Fasern ergeben haben, ist die Richtung der Kristallite in hohem Maße vom Spinnverfahren abhängig: Eine Seide, die beim Spinnen stark gestreckt wird, weist die regelmäßigste Lage der Kristallite auf. Mit dieser Lage gehen hauptsächlich die Festigkeitseigenschaften einer Faser parallel: Je regelmäßiger die Kristallite liegen, um so größer ist die Festigkeit der Faser. Dieser eigenartige Aufbau der Faser bestimmt nun ihr Verhalten zu quellend und lösend wirkenden Agenzien. Wirkt ein Lösungsmittel (wie beispielsweise Kupferoxydammoniak) auf die Faser ein, so vermag dieses nicht den Verband der einzelnen Moleküle in den Kristalliten zu trennen, sondern im günstigsten Falle reißt es nur die Kristallite auseinander, wobei es sich zuerst zwischen die einzelnen Kristallite schiebt. Es ist einleuchtend, daß hiermit eine Vergrößerung des Faservolumens eintreten muß. Dieses Einschieben ist also die Ursache der Faserquellung („begrenzte Quellung“). Geht der Eingriff des Lösungsmittels weiter, so trennen sich die einzelnen Kristallite voneinander („unbegrenzte Quellung“, Faserschädigung!). Eine Auflösung von

[1] Näheres siehe z. B. bei Heß: Chemie der Zellulose. Leipzig 1928.

Zellulose in einem geeigneten Lösungsmittel unterscheidet sich also wesentlich von der Auflösung beispielsweise eines Salzes in Wasser. Im letzteren Falle haben wir stets einzelne Moleküle in der Lösung („molekulare Lösung"), im Falle der Zellulose dagegen noch in sich zusammenhängende Kristallite, also Molekülverbände. Derartige Lösungen gehören zu den „kolloiden" Lösungen, die Zellulose ist also ein typisches Kolloid.

Die Einwirkung von Wasser. Da Wasser kein Lösungsmittel für Zellulose ist, so erscheint es nach dem oben Gesagten verständlich, daß der Eingriff von Wasser nur zu einer begrenzten Faserquellung führt. Es ist auch nunmehr einleuchtend, daß durch die Einlagerung von Wasser zwischen die Kristallite die Festigkeit der Faser sinkt, wobei für unsern Fall in der Hauptsache die Zugfestigkeit in der Faserrichtung von Interesse ist. Da jede Quellung zum größten Teil wieder rückläufig („reversible Quellung") ist, so tritt beim Trocknen („Entquellen") der Faser wieder eine Festigkeitszunahme ein. Diese Festigkeitszunahme verläuft nun nicht ganz zu 100%, weshalb eine lange und heiße Wasserbehandlung in der Färberei stets zu einer bleibenden Festigkeitsverminderung führt. Der eigenartige Umstand hat seine Begründung darin, daß die Kunstseiden aus ihrer Herstellung Stoffe, „Abbauprodukte der Zellulose" enthalten, die ihren Sitz zwischen den einzelnen Kristalliten haben („Kittsubstanz") und die zum Teil mit Wasser unbegrenzt quellbar, d. h. also wasserlöslich sind. In einer guten Kunstseide sind diese wasserlöslichen Anteile allerdings nur in Spuren vorhanden. Fehlerhafte Kunstseiden können aus der Produktion größere Mengen dieser Abbauprodukte mitbringen, so daß bei der Naßbehandlung Faserschädigungen hervorgerufen werden können.

Wichtig ist also für den Färber zu wissen, daß jede Naßbehandlung besonders bei hohen Temperaturen Faserschädigungen verursachen kann, weshalb die in der Färberei auszuführenden Prozesse tunlichst in der kürzesten hierzu benötigten Zeit auszuführen sind.

Die Einwirkung von Alkalien. Der Eingriff von Alkalien, von denen in der Färberei in erster Linie Natronlauge zur Verwendung kommt, ist wesentlich weitgehender als die oben bei Wasser beschriebenen Vorgänge. Soda- und ammoniakalkalische Bäder verändern die Zellulosefaser meist nicht stärker als Wasser, weshalb wir ihre Einwirkung hier übergehen können. Gegenüber Natronlauge ist die Kunstseidenfaser nicht nur begrenzt, sondern teilweise unbegrenzt quellbar, d. h. also, durch Natronlauge werden stets Anteile aus der Faser herausgelöst. Hinzu kommt noch, daß auch ein chemischer Angriff erfolgt, nämlich die auch schon auf S. 9 besprochene Bildung von Natronzellulose, die ihrerseits wieder in verdünnter Natronlauge löslich ist. Durch die Behandlung mit Natronlauge tritt also stets eine bleibende Festigkeitseinbuße der Kunstseide ein. Die Menge der alkalilöslichen Anteile schwankt allerdings stark: Nitroseide enthält die meisten, dann folgt Viskoseseide und schließlich Kupferseide. Diese Unterschiede sind zunächst im Ausgangsmaterial und in den Spinnverfahren begründet, jedoch können die alkalilöslichen Anteile auch durch Beanspruchungen in der Färberei selbst vergrößert werden. Hierhin gehören in erster Linie Schädigungen durch die Bleiche, durch zu starkes und heißes Absäuern sowie durch spezielle Schlichtverfahren, wovon später noch die Rede sein wird. Der Färber hat also mit dieser Alkaliempfindlichkeit zu rechnen. Erscheint aus irgendeinem Grunde, z. B. zum gründlichen Reinigen einer stark geschlichteten Seide, eine alkalische Behandlung geboten, so darf diese stets nur sehr vorsichtig gehandhabt und nicht zu lange ausgedehnt werden. Zweckmäßig ist es in solchen Fällen, die Alkalieinwirkung immer durch Absäuern zu unterbrechen. Dieses gilt hauptsächlich für die fein- und noch mehr für die feinstfädigen Seiden, denn es ist einleuchtend, daß diese infolge des kleineren Faserquerschnittes den Angriffen der Lauge noch stärker ausgesetzt sind als normalfädige Seiden. Vor allen Dingen ist aber bei einer Alkalibehandlung darauf zu achten, daß diese gleichmäßig erfolgt. Es erscheint ohne weiteres verständlich, daß durch eine ungleichmäßige Behandlung mit Alkalien verschiedene Mengen von Abbauprodukten gelöst werden. Hiermit verändert sich aber die Gleichmäßigkeit der Faserstruktur und damit das Anfärbevermögen. Man wird in solchen Fällen also bunte Färbungen erhalten. Dem Baumwollfärber sind diese Erscheinungen von der merzerisierten Baumwolle her bekannt, auch hier wechselt die Farbstoffaffinität stark mit dem Merzerisationsgrad.

Die Einwirkung von Säuren. Es mag zunächst unwahrscheinlich erscheinen, daß die Einwirkung von Säuren zu ganz ähnlichen Erscheinungen führt wie die von Alkalien. Freilich spielt sich chemisch ein anderer Prozeß ab, aber auch hier tritt zunächst eine Quellung, und damit eine Festigkeitsverminderung ein. Bezüglich der Behandlung der Kunstseidenfasern mit Säuren in der Färberei gilt daher dasselbe wie bei der Natronlauge. Geht die Einwirkung von Säuren weiter, so tritt ein chemischer Abbau der Zellulosesubstanz ein, den wir uns als eine Verkürzung der Kristallite vorstellen müssen. Die mit der Säure in Reaktion getretenen Anteile werden alkalilöslich, teilweise sogar wasserlöslich. Man nennt diese durch die Einwirkung von Säuren löslich gewordenen Anteile „Hydrozellulose". Diese Hydrozellulose bleibt während der Säurebehandlung zum größten Teil noch zwischen den Kristalliten sitzen. Schließt sich aber später eine alkalische Behandlung an, so geht sie in Lösung. Hierdurch kommt es, daß die Faserschädigungen meist erst nach einer Alkalibehandlung in Erscheinung treten. Schädlich wirken mehr oder weniger alle Säuren, in erster Linie die anorganischen, wie Schwefel- und Salzsäure, von den organischen sind Ameisen- und Oxalsäure die stärkst angreifenden. Die schädliche Einwirkung nimmt stets zu mit steigender

Temperatur, weshalb die Säurebehandlungen möglichst kalt ausgeführt werden sollen. Bei Kupferseide ist allerdings die Gefahr einer Faserschädigung durch Oxalsäure geringer, weshalb man hier zuweilen heiße Oxalsäurebäder anwenden kann.

Noch ein weiterer Umstand ist aber bei der Behandlung von Kunstseidenfasern mit Säuren zu beachten, nämlich die schwere Auswaschbarkeit. Die Zellulosefasern haben die Eigenschaft, Chemikalien außerordentlich festzuhalten. Es ist demnach nach einer Säurebehandlung erforderlich, stets sehr sorgfältig zu waschen. Am sichersten geht man daher, wenn man grundsätzlich dem letzten Spülbade Ammoniak zusetzt. Sind die Säuren nicht restlos ausgewaschen, so tritt beim Trocknen durch das Verdunsten des Wassers eine starke Erhöhung der Säurekonzentration auf der Faser auf, die sich besonders bei hohen Trockentemperaturen unangenehm bemerkbar macht. Das Herauslösen von Anteilen durch die Säuren macht auch die bei dieser Behandlung auftretende Gewichtsverminderung verständlich. Es soll nicht unerwähnt bleiben, daß das bei Wollwaren übliche Karbonisieren weiter nichts ist, als die Zerstörung der als unerwünschte Fremdkörper in ihnen enthaltenen Baumwollbestandteile durch Säure und Hitze.

Die Einwirkung von Bleichmitteln. Bei den Bleichmitteln muß man oxydierend und reduzierend wirkende unterscheiden. Zu den ersten gehören Chlorkalk, Natriumhypochlorit, Wasserstoffsuperoxyd, Kaliumpermanganat und Natriumperborat, zu den letzteren Hydrosulfit, Blankit und schweflige Säure. Als Folge der Einwirkung von oxydierend wirkenden Bleichmitteln bildet sich die „Oxyzellulose", es tritt also durch Oxydationsmittel eine chemische Umsetzung und damit wieder ein Abbau der Zellulose auf, wenn die Einwirkung zu intensiv erfolgt. Die Folge dieses Abbaus sind wieder starke Faserschädigungen, die sich noch mehr als bei der Hydrozellulose nach alkalischen Kochungen zeigen. Im allgemeinen kann gesagt werden, daß Chlorbleichmittel auf Kunstseidenfasern milder einwirken als die Superoxyde. Die Oxyzellulose ist kein einheitlicher Körper (ebenso wie die Hydrozellulose), sie stellt vielmehr stets ein Gemisch dar von verschieden weit angegriffenen Zelluloseanteilen. Die Trennung aller dieser Körper hat sich bisher noch nicht vollständig durchführen lassen, so daß auch chemisch die Konstitution der Oxyzellulose noch nicht geklärt werden konnte. Die Oxyzellulose ist in Natronlauge löslich, Teile lösen sich sogar schon in heißem Wasser. Die Bildung von Oxyzellulose hat für das Fasergut verheerende Folgen: die Abnahme der Festigkeit kann so weit gehen, daß die Faser zu Pulver zerrieben werden kann.

Beim Bleichen von Kunstseiden mit Chlorlösung und noch mehr mit Superoxyden kann sich ein sehr interessanter Vorgang abspielen, der zu ganz eigenartigen Faserschädigungen führt. Diese Bleichmittel wirken durch langsames Abspalten von Sauerstoff, der, wie alle chemischen

Körper, im Zustande des Entstehens von besonderer Wirksamkeit ist. Es kann nun der Fall eintreten, daß an örtlich ganz begrenzten Stellen auf dem Fasergut die Sauerstoffentwicklung stürmisch vor sich geht. An diesen Stellen tritt dann eine besonders intensive Faserschädigung auf. Diese örtliche Zersetzung der Bleichmittel ist auf die Anwesenheit von Metallen zurückzuführen, und zwar genügen kaum nachweisbare Spuren von Metallen, um diese Auslösung hervorzurufen. In der Hauptsache wirkt Kupfer und Eisen schädigend. Die Auslösung eines chemischen Prozesses durch anscheinend an dem Vorgang nicht beteiligte Stoffe nennt man „Katalyse", man spricht daher von „katalytischen Faserschädigungen". Wenn man bedenkt, daß alle Kunstseiden aus ihrer Fabrikation sowie manchmal auch von der Verarbeitung geringe Mengen von Kupfer und Eisen mitbringen, so erscheint es verständlich, daß sie bei der Anwendung von reinen Sauerstoffbleichmitteln besonderer Gefahr ausgesetzt sind. Die Metallspuren gelangen meist durch Maschinenölspritzer auf die Fäden, da das Öl stets etwas Lagermetall enthält. Die Anwendung von oxydierend wirkenden Bleichmitteln hat daher so vorsichtig wie möglich zu erfolgen. Eine genaue laufende Kontrolle der Bäder ist unbedingt erforderlich. Es ist weiter darauf zu achten, daß alle Bleichmittel äußerst sorgfältig ausgewaschen werden. Bleiben Reste auf der Faser zurück, ist stets mit starken Faserschädigungen zu rechnen.

Die Einwirkung von Leinöl. Die große Bedeutung, die die Leinölschlichte in den letzten Jahren gewonnen hat, läßt es geboten erscheinen, auch auf die Einwirkung des Leinöls auf Kunstseiden näher einzugehen. Die Beschäftigung mit diesem Gegenstand ist dadurch nötig geworden, daß man bei dieser Schlichte häufig starke Faserschädigungen beobachtete, deren Ursache man sich nicht erklären konnte. Auch heute stehen wir erst am Anfange dieser Erkenntnisse, immerhin aber läßt sich in großen Zügen ein Bild von dem Verhalten des Leinöls auf der Faser geben.

Das Leinöl ist ein sog. „trocknendes Öl", d. h. es ist in der Lage, aus der umgebenden Luft Sauerstoff aufzunehmen, wodurch es zu einem harten aber elastischen Film erstarrt. Dieser Vorgang muß praktisch durch Katalyse beschleunigt werden, weshalb man dem zur Verwendung kommenden Leinöl Sikkative in kleinen Mengen zusetzen muß, wenn man nicht die Oxydation und Filmbildung auf der Faser durch Behandlung mit Ozon beschleunigen will (Gammaverfahren). Als Sikkative finden meist Abkochungen mit Mangan, Blei oder Kobalt Verwendung. Es hat sich nun gezeigt, daß diese zur Filmbildung führende Oxydation des Leinöls unter gewissen ungünstigen Bedingungen nicht haltmacht, sondern über die Filmbildung hinaus weiter fortschreitet und einen chemischen Abbau des Leinöls verursacht. Bei diesem chemischen Abbau entsteht nun eine Reihe von Produkten, die ihrerseits energisch die Zellulosefaser angreifen. In erster Linie sind dies organische Säuren, darunter als am stärksten wirkend die Ameisensäure, ferner entstehen peroxydartige Produkte, die zur Oxyzellulosebildung führen[1].

Die Zersetzung des Leinöls kann nun durch verschiedene Ursachen hervorgerufen sein: In erster Linie sind es wieder katalytische Einflüsse durch Metalle. Zu große Mengen der Sikkative befördern die Zersetzung. Die Metalle brauchen aber nicht aus den Sikkativen zu stammen, sie können auch in der Schlichte vorhanden sein, z. B. von den Gefäßwandungen, weshalb diesen die größte Aufmerksamkeit zu widmen ist. Weiter können sie von der Kunstseide eingeschleppt werden. Ganz abgesehen davon, daß diese stets gewisse Mengen von Kupfer und Eisen enthält, kann diese mit winzigen Ölspritzern von irgendwelchen Maschinenlagern beschmutzt sein. Diese Spritzer enthalten aber stets geringe Mengen von Lagermetall, das dann wieder als Katalyt wirkt. Der Schlichter tut daher gut, nicht nur seine Bäder, sondern auch die Kunstseide auf solche Verunreinigungen hin anzusehen. Auch eine nachträgliche Verschmutzung geschlichteter Kunstseide mit Maschinenöl, wie sie in Zwirnereien häufig vorkommt, führt noch zu einer Faserschädigung. Weiter hat es sich gezeigt, daß schwach saure Reaktion der Schlichtflotte die Oxydation des Leinöls energisch beschleunigt, weshalb die Bäder laufend auf ihre Reaktion zu kontrollieren sind. Es soll nicht vergessen werden, daß feuchtes, warmes Klima die Zersetzung des Leinöls ebenfalls beschleunigt. Die meisten Faserschädigungen treten daher im Sommer auf.

In den meisten Fällen läßt sich die Ursache einer durch Leinöl aufgetretenen Faserschädigung nicht mehr exakt feststellen. Die Schlichtung mit Leinöl ist daher stets ein Risiko.

Die Einwirkung von hohen Temperaturen. Als organischer Stoff ist die Kunstseide gegenüber hohen Temperaturen nicht unempfindlich. Die in der Hitze auftretenden Veränderungen geben sich zuerst durch eine mehr und mehr zunehmende Bräunung zu erkennen. Gleichzeitig wird die Faser spröde und brüchig. Diese Veränderungen beginnen bei einer Temperatur von etwa 120° C. Es muß aber betont werden, daß bereits bei Temperaturen oberhalb 70° C ein Verlust an Geschmeidigkeit auftritt. Dieses hat seinen Grund in einer zu starken Trocknung der Faser. Wir haben S. 6 erwähnt, daß von der Faser stets Feuchtigkeit aufgenommen wird, wird diese aber durch scharfes Trocknen entfernt, so erscheint die größere Sprödigkeit verständlich. Gibt man der scharf getrockneten Faser Gelegenheit, wieder Feuchtigkeit aufzunehmen, so kehrt die frühere Schmiegsamkeit zurück. Die Färbereien sollten beim Trocknen die Temperatur von 70° C nie überschreiten

[1] Vgl. unter anderen Götze: Seide **35**, 445 (1930).

und auch dann der Faser durch reichliches Aushängen Gelegenheit geben, wieder Feuchtigkeit aufzunehmen.

Die noch vielfach verbreitete Ansicht, daß Kunstseide feuergefährlich sei, ist abwegig. Diese Eigenschaft traf vor langer Zeit auf Nitroseide zu, als man das Verfahren der Denitrierung noch nicht kannte.

Das Verhalten gegenüber Farbstoffen. Es wurde schon S. 6 erwähnt, daß die Kunstseiden sich mit substantiven Baumwollfarben anfärben lassen. Weiter kommen noch basische, Schwefel-, Entwicklungs- und Küpenfarben in Betracht. Für die Praxis spielen die substantiven Farbstoffe die weitaus größte Rolle. Auch wissenschaftlich erweckt die substantive Färbung das größte Interesse. Wenn es heute, nachdem das Färben schon eine dem Altertum bekannte Kunst war, noch nicht

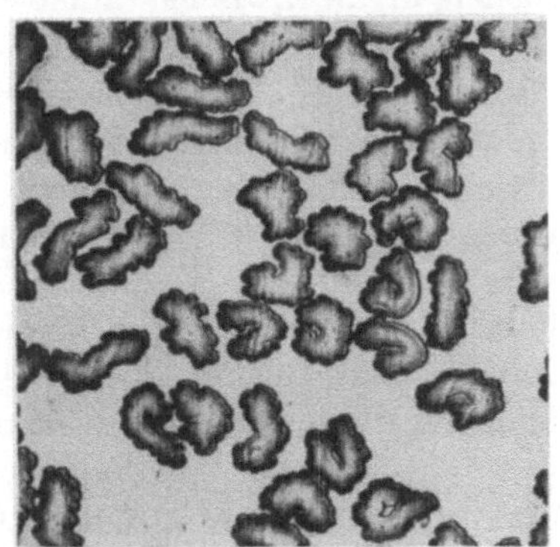

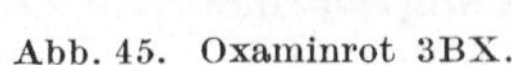

Abb. 45. Oxaminrot 3BX.

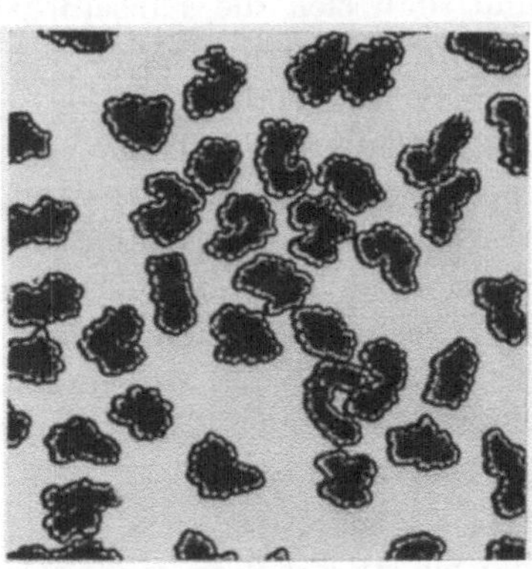

Abb. 46. Thiazinrot R.

gelungen ist, die sich beim Färben einer Faser abspielenden Vorgänge restlos zu klären, so ist dies der beste Beweis dafür, wie verwickelt diese Vorgänge sind. Wir wissen heute, daß für die Anfärbung mit substantiven Farbstoffen chemische Kräfte kaum in Frage kommen. Die Farbstoffpartikelchen werden lediglich durch Adsorption von der Faser festgehalten. Von besonderem Interesse ist das Eindringen der Farbstoffe in den Faserquerschnitt. Dieses hängt zunächst ab von der Größe der Farbstoffteilchen („Dispersitätsgrad“), dann aber von der Dauer des Färbeprozesses. Die Größe der Farbstoffteilchen ist nun bei den substantiven Farbstoffen keineswegs gleich, vielmehr gibt es Farbstoffe mit ganz feinen Teilchen und solche mit ganz groben, dazwischen gibt es zahlreiche Übergänge. Man muß sich das Färben so vorstellen, daß diese Farbstoffteilchen sich in die Zwischenräume der Kristallite einlagern. Das verschieden starke Vordringen großer und kleiner Farbstoffteilchen in den Faserquerschnitt ist aus den obigen Abb. 45 u. 46 deutlich zu ersehen. Im ersten Fall handelt es sich um den Farbstoff Oxaminrot 3BX, im zweiten um das Thiazinrot R. Die Teilchengröße

3*

der Farbstoffe ist nun in der Färbeflotte selbst noch weitgehend zu variieren: höhere Temperatur bewirkt eine Teilchenverkleinerung, Zusätze von Glaubersalz bewirken zuerst ebenfalls eine Teilchenverkleinerung, bei stärkeren Zusätzen tritt jedoch eine merkliche Vergröberung ein, bis schließlich ein vollständiges Ausflocken des Farbstoffes erfolgt. Direkte Zusammenhänge zwischen dem Dispersitätsgrad der Farbstoffe und ihrer Neigung leichter oder schwerer egale Färbungen zu liefern, sind bisher nicht gefunden worden, es kann nur allgemein gesagt werden, daß die Lösungen der leichter egal aufziehenden roten, braunen und violetten Farbstoffe kleinere Teilchen aufweisen als die der schwer egalisierenden blauen und grünen Farbstoffe.

Nachdem wir gesehen haben, daß eine Anfärbung dadurch zustande kommt, daß sich die Farbstoffpartikelchen in die Zwischenräume der Kristallite einlagern, drängt sich die Frage auf, durch welche Kräfte diese dort festgehalten werden. Wir haben auf S. 32 kennengelernt, daß z. B. Säuren oder Laugen sich ebenfalls in die Faser einlagern, hier sind diese Medien aber auswaschbar. Eine gefärbte Faser ist aber so beschaffen, daß der Farbstoff nicht mehr auswaschbar ist. Wir können hier nur sagen, daß es elektrische Kräfte sind, die den Zusammenhalt Faser-Farbstoff bewirken. Diese Verhältnisse sind aber recht komplizierter Natur, so daß wir sie im Rahmen dieses Buches nicht näher beschreiben können. Wir verweisen daher auf die interessante Abhandlung von Schulze[1].

Den Färber interessiert in erster Linie die Frage, wie gleichmäßige Färbungen zu erhalten sind. Grundbedingung ist hier zunächst, daß eine Kunstseide vorliegt, die in ihrer Struktur nicht zu starke Abweichungen zeigt. Ferner ist es unbedingt erforderlich, nur Farbstoffe zu verwenden, die sich für Kunstseide eignen, die also in bezug auf ihre Egalisierfähigkeit sorgsam ausgewählt sind. Eine Zusammenstellung derartiger Farbstoffe findet sich z. B. bei Weltzien[2]. Ferner sind die neuen Musterkarten der Farbenindustrie nach diesem Gesichtspunkt zusammengestellt. Da, wie schon S. 7 erwähnt war, die Kunstseiden ein großes Aufnahmevermögen für Farbstoffe haben, so ist auf sehr langsames Aufziehenlassen der größte Wert zu legen: Salzzusätze sind möglichst einzuschränken, Badzusätze, die das Aufziehen verlangsamen, wie z. B. Seife, Igepon u. a. wirken günstig. Egalisierend wirken ferner hohe Färbetemperaturen. Es braucht nicht besonders betont zu werden, daß weiter gleichmäßiges und lebhaftes Umziehen erforderlich ist. Leicht zu unegalen Färbungen führen alkalische Zusätze. Deshalb sollte man von Soda und Lauge nur dort Gebrauch machen, wenn es andere wichtige Gründe, wie z. B. Ton-in-Tonfärbung mit Baumwolle verlangen. Auch hartes Wasser braucht, sofern man nicht im Seifenbade färben muß,

[1] Schulze: Seide **34**, 169 (1929). [2] Weltzien: a. a. O. 372f.

nicht mit Soda enthärtet zu werden. Eine gewisse Härte ist für das Egalisieren substantiver Färbungen nicht ungünstig.

In den Arbeiten von Weltzien und Götze[1] ist gefunden worden, daß eine extreme Steigerung der Farbaffinität die Egalisierung in hohem Maße begünstigt, wie sie beispielsweise erhalten wird durch sehr hohe Salzzusätze. So interessant diese Erscheinung auch ist, so schwierig ist jedoch ihre praktische Anwendung. Bei der Strangfärberei besonders ist diese Methode leider nicht anwendbar. Beim Eingehen mit den Strängen in eine stark mit Salz beschickte Flotte nehmen die zuerst in das Bad gelangenden Strangteile so viel Farbstoff auf, daß die Flotte schon infolge ihrer Verarmung die nachfolgenden Strangteile heller färbt. Bei der Stückfärberei läßt sich die Methode ebenfalls bei großer Warenlänge schlecht anwenden, und zwar aus denselben Gründen. Günstige Ergebnisse erzielt man jedoch mit dieser Methode bei der Strumpffärberei (s. S. 135).

b) Azetatseide.

Es war schon S. 1 erwähnt, daß die Azetatseide den Essigsäureester der Zellulose darstellt. Die heute im Handel befindlichen Arten bestehen durchweg aus Zellulosediazetat, d. h. also, bei dem dreiwertigen Alkohol Zellulose sind zwei Hydroxylgruppen durch den Essigsäurerest ersetzt. Da aber gerade die Hydroxylgruppen chemisch recht labil und reaktionsfähig sind, ergibt sich logischerweise, daß die Azetatseide, die also nur noch eine derartige Gruppe enthält, gegenüber chemischen Agenzien viel widerstandsfähiger ist. Wir wollen hier das Verhalten der in der Färberei verwendeten Mittel gegenüber Azetatseide in derselben Reihenfolge betrachten wie bei den Viskose-, Kupfer- und Nitroseiden:

Die Einwirkung von Wasser. Wasser wirkt auf Azetatseide viel weniger quellend als auf die drei erstgenannten Kunstseiden. Hiermit geht die geringere Hygroskopizität (vgl. S. 6) und der geringere Festigkeitsabfall in nassem Zustand parallel (vgl. S. 5). Bei höheren Temperaturen zeigt sich bei einer Behandlung mit Wasser eine seltsame Veränderung der Azetatseidenfaser: sie verliert ihren Glanz mehr oder weniger vollständig und erhält ein mattes Aussehen. Man hat lange Zeit geglaubt, daß diese Veränderung eine Verseifung des Essigsäureesters, also eine Abspaltung von Azetylgruppen sei, jedoch hat sich diese Annahme nicht halten lassen. Wir wissen heute, daß durch Behandlung mit heißem Wasser zunächst die Faser in einen plastischen Zustand übergeführt wird. In diesem Zustand bilden sich im Innern des Faserquerschnitts Dampfbläschen, die sich nach dem Abkühlen und Wiedererstarren der Faser im Querschnitt halten. Ein Querschnittsbild von auf diese Weise mattierter Azetatseide hat eine starke Ähnlichkeit mit dem Querschnitt mattgesponnener Viskoseseiden (vgl. Abb. 36). Während bei reinem Wasser

[1] Weltzien u. Götze: Seide **34**, 142 (1929).

die Glanztrübung erst bei Temperaturen über 80° C eintritt, kann der plastische Zustand bei Gegenwart quellend wirkender Mittel schon bei niedrigeren Temperaturen erhalten werden. Zusätze von Seife und wenig Phenol ergeben z. B. die Glanztrübung schon bei 70° C. Steigert man die Phenolkonzentration auf 5%, so wird die Azetatseide schon bei 25° C deutlich matt.

Diese Erkenntnisse sind außerordentlich interessant für den Färber: Mehr denn je sind heute matte Kunstseiden in der Mode, und die Färberei wird heute oft vor die Aufgabe gestellt, auch Azetatseide zu mattieren. Bei Anwendung der Verseifungsverfahren, bei denen ebenfalls eine Mattierung eintritt und auf die wir unten noch zu sprechen kommen, gehen wertvolle Eigenschaften des Azetats verloren (hohe Naßfestigkeit, Reservierung gegen Baumwollfarbstoffe), es ist daher äußerst wichtig, zu wissen, daß man auch ohne Verseifung eine starke Glanztrübung erhalten kann, und zwar lediglich durch Anwendung von Wasser und quellenden Mitteln bei entsprechend hohen Temperaturen.

Die Einwirkung von Alkalien. Während bei den Viskose-, Kupfer- und Nitroseiden durch Alkalien sich in der Hauptsache physikalische Änderungen der Faser abspielen, treten bei der Azetatseide grundlegende chemische Änderungen ein. Sodalösung stärkerer Konzentration und noch mehr Alkalilaugen „verseifen" die Faser, d. h. sie spalten Essigsäure ab. Es bleibt dann als Rest eine Seide, die in ihren Eigenschaften der Viskoseseide nahesteht: Sie färbt sich wieder mit substantiven Farbstoffen an. Diese Verseifung geht allmählich von der Oberfläche aus nach innen vor sich. Mit dieser Verseifung geht stets ein Festigkeitsabfall und ein Mattwerden der Faser parallel. In der Färberei ist daher bei Azetatseide und alkalischen Bädern die größte Vorsicht geboten. Man kann sich zwar durch spezielle Zusätze auch bei alkalischen Bädern gegen eine Verseifung in gewissem Grade schützen, hierhin gehören z. B. Zusätze von Natriumphenolat oder Natriumphosphat zu den Seifenbädern.

Die Einwirkung von Säuren. Gegenüber den in der Färberei verwendeten Säuren ist die Azetatseide sehr beständig. Bei den üblichen Konzentrationen wird sie weder durch Schwefel- oder Salzsäure, noch durch Ameisen-, Essig-, Milch- oder Weinsäure in Mitleidenschaft gezogen.

Die Einwirkung von Bleichmitteln. Auch Bleichmittel greifen Azetatseide viel weniger an als die Kunstseiden aus der Gruppe Viskose-, Kupfer- und Nitroseide. Bei dem Bleichprozeß sind daher hier viel weniger Schädigungen zu erwarten.

Die Einwirkung von Leinöl. Auch bei Azetatseide wird die Schlichtung mit Leinöl in großem Maßstabe angewandt. Wie schon S. 28 erwähnt, sind einzelne Azetatseidenspinnereien sogar dazu übergegangen, die Fäden gleich leinölgeschlichtet herzustellen. Es war schon bei der Besprechung der Einwirkung von Bleichmitteln auf Azetatseide darauf hingewiesen worden, daß Oxydationsmittel hier viel weniger energisch angreifen als bei den Kunstseiden der vorerwähnten Art. Analog ist auch die Einwirkung von Leinöl auf Azetatseide viel harmloser, und es sind aus der Praxis in der letzten Zeit kaum Fälle bekannt, wo eine Leinölschädigung bei Azetatseide eingetreten war.

Die Einwirkung von hohen Temperaturen. Während bei den vorstehenden Abschnitten die Azetatseide in vielen Fällen den anderen Kunstseiden gegenüber meist vorteilhafter erscheinen konnte, ist dies bei ihrem Verhalten in größerer Wärme nicht so. Schon früh war erkannt worden, daß azetatseidene Gewebe beim Bügeln einen unansehnlichen, speckigen Glanz erhielten. Es beruht dies darauf, daß die Azetatseide oberhalb von Temperaturen von etwa 80° C zu erweichen beginnt, sie wird also plastisch und wird so unter dem heißen Bügeleisen plattgedrückt. Hierdurch erhält sie dann durch die Spiegelwirkung der plattgedrückten Fädchen ihren Speckglanz. Wenn auch in den letzten Jahren die Faser im allgemeinen in dieser Beziehung etwas beständiger geworden ist, so ist bei trockenen Heißbehandlungen stets Vorsicht am Platze, und zwar besonders dann, wenn hohe Temperatur und ein größerer Druck gleichzeitig einwirken. Auf diese Eigenschaft ist also besonders beim Kalandrieren zu achten.

Die Einwirkung von organischen Lösungsmitteln. Da die Azetatseide chemisch einen Ester darstellt, so ist zu erwarten, daß sie sich gegenüber organischen Lösungsmitteln anders verhält als die Kunstfasern aus regenerierter Zellulose. Von den in der Färberei zum Reinigen verwendeten Lösungsmitteln wird sie daher mehr oder weniger stark angegriffen. Völlig löslich ist sie (abgesehen von Eisessig, der ja auch zu ihrer Herstellung benützt wird), in Azeton und Chloroform. Diese Mittel können daher auf keinen Fall zum Detachieren verwendet werden. Die chemische Reinigung von Azetatseide gestaltet sich daher viel schwieriger als bei den andern Kunstseiden. Nicht angreifende Lösungsmittel sind unter anderen die folgenden: Äther, Asordin, Petroläther, Gasolin, Benzin, Benzol, Toluol, Tetralin, Dekalin, Terpentin, Schwefelkohlenstoff und Tetrachlorkohlenstoff. Gemische dieser Lösungsmittel müssen stets vor der Anwendung ausprobiert werden, da sie unter Umständen quellend auf die Faser wirken können.

Das Verhalten gegenüber Farbstoffen. Hier haben wir die basischen Farbstoffe von den andern, zum Teil auch speziell für Azetatseide hergestellten Farbstoffen zu unterscheiden. Nach den Untersuchungen von Paneth[1] werden die basischen Farbstoffe durch Adsorption von der Azetatseidenfaser festgehalten. Viel interessanter ist aber das Verhalten der andern Farbstoffe. Es ergab sich zunächst, daß nicht alle Farbstoffe

[1] Paneth: Ber. 57, 1221 (1924).

in der Lage sind, Anfärbungen auf Azetatseide zu liefern. Clavel und Stanisz[1] haben systematisch eine große Anzahl von Farbstoffen in bezug auf ihr Anfärbevermögen studiert. Sie kamen hierbei zu dem überraschenden Ergebnis, daß ganz bestimmte Molekülgruppen im Farbstoff vorhanden oder wenigstens überwiegend sein müssen, wenn dieser in der Lage sein soll, die Azetatseidenfaser anzufärben. Derartige Gruppen sind die Aminogruppe, die Hydroxylgruppe und die Nitrogruppe. Entgegengesetzt gibt es Molekülgruppen, die das Anfärbevermögen ganz ausschließen oder zum mindesten stark reduzieren. Hierher gehören die Karboxylgruppe und die Sulfogruppe. Ferner ist die Molekulargröße des Farbstoffes von Einfluß: Da die Porengröße der Azetatseide sich als bedeutend feiner herausgestellt hat als bei den andern Kunstfasern, sind nur Farbstoffe mit recht kleinen Molekülgruppen zum Färben geeignet. In erster Linie wirkt sich jedoch die Größe der Molekülgruppen auf die Färbegeschwindigkeit aus. Gibt man der Faser lange genug Gelegenheit mit der Farbflotte in Reaktion zu bleiben, so tritt auch bei Farbstoffen mit größerem Molekülverband ein Durchfärben ein. Wenn auch wissenschaftlich der Färbevorgang noch nicht restlos aufgeklärt ist, so kann man doch heute sagen, daß im Anfärbevorgang bei der Azetatseide sich eine ganz eigenartige und hier unerwartete Reaktion abspielt: Der Farbstoff wird in der Faser nämlich in Form einer sog. festen Lösung gebunden. Ähnlich, wie man einen Fettkörper in wässeriger Emulsion durch Äther ausschütteln kann, so wird der Farbstoff aus seiner Verteilung im Wasser durch die Azetatseide aufgenommen. Dieses Aufnahmevermögen geht so weit, daß eine Azetatseidenfaser sogar in der Lage ist, trockenes Farbstoffpulver in sich aufzunehmen, wenn man ihr lange genug Gelegenheit dazu gibt. Diese Beobachtungen gehen auf Kartaschoff[2] zurück. Die hier in groben Zügen geschilderten Vorgänge sind in Wirklichkeit außerordentlich kompliziert. Wir verweisen hier auf die einschlägige Literatur[3].

4. Winke für die Anlage einer Kunstseidenfärberei.

Ganz kurz sollen hier einige praktische Winke für die Anlage einer Kunstseidenfärberei gegeben werden, da es in der letzten Zeit immer häufiger vorkommt, daß der eine oder andere Kunstseidengroßverbraucher dazu übergeht, die in seinem Betriebe zu verwendende oder verarbeitete Kunstseide in eigener Färberei zu färben. Auch kommt es vor, daß z. B. Baumwollfärbereien, dem Zuge der Zeit folgend, sich in größerem Maßstabe auf Kunstseide umstellen bzw. ihrer Färberei eine Abteilung für Kunstseide angliedern. Eine für Naturseide eingerichtete Färberei kann ohne weiteres auf Kunstseide übergehen.

[1] Clavel und Stanisz: Rev. Gén. Mat. Col. **28**, 145, 167 (1923).
[2] Kartaschoff: Rev. Gén. Mat. Col. **30**, 164 (1926).
[3] Ausführlich referiert bei Weltzien: a. a. O. S. 412f.

Allgemeines. Die Anlage einer Kunstseidenfärberei hat den Eigenschaften des Materials voll und ganz Rechnung zu tragen. Übersichtlichkeit und vor allen Dingen Sauberkeit sind oberstes Gebot. Alle Flächen, mit denen die Kunstseide in Berührung kommt, sind glatt und sauber zu halten, damit keine Beschädigungen und Beschmutzungen der Faser erfolgen können. Helle, lichte, möglichst hohe Räume nicht unter 4 bis 4,5 m Höhe mit ausreichenden Entlüftungsöffnungen sind erforderlich, der Einbau von Entnebelungsanlagen ist anzuraten. Die Neigung zur Nebelbildung kann bekämpft werden durch genügende Raumheizung, was zweckmäßigerweise geschieht durch Umpumpen der Färbereiluft, wobei die Luft an Heizkörpern vorbeistreicht, oder wirksamer durch

Abb. 47. Blick in eine Kunstseidenfärberei.

Einblasen von vorgewärmter Frischluft und Ausblasen der feuchten Färbereiluft durch auf das Dach aufgesetzte Entlüftungskörper mit von unten gesteuerten Schließklappen. Als Dachkonstruktion eignet sich am besten das Shed, und zwar nach Möglichkeit nach Norden liegend. Hierdurch bleibt der Raum frei von direktem Sonnenlicht, was für das Arbeiten mit Diazo- und Entwicklungsfarben von großer Wichtigkeit ist. Steht kein Nordlicht zur Verfügung, so muß man die Fenster mit Vorhängen versehen. Große Sorgfalt ist der Instandhaltung der Decken zuzuwenden, damit die Kunstseide vor herabtropfendem, unreinem Wasser geschützt wird. Eiserne Deckenkonstruktionen sind von Zeit zu Zeit zu entrosten und mit Aluminiumanstrich zu versehen. Um das Herabtropfen von Wasser zu vermeiden, sind bei Holzdecken die mit Nut und Feder aneinandergesetzten Bretter in der Richtung des ablaufenden Schwitzwassers zu verlegen. An das Herabtropfen ist auch bei der Verlegung von Wasserleitungen zu denken, soweit solche über die Färberei hinweggehen. Diese sind zu isolieren, damit sich kein Schwitzwasser bildet. Der Färbereifußboden wird zweckmäßig in Asphalt oder Bitumen ausgeführt oder man verwendet hartgebrannte Klinker, die man mit der schmalen Längsseite nach oben ebenfalls in Asphalt oder Bitumen verlegt und dann mit der Masse ausgießt. Der Fußboden erhält ein leichtes Gefälle nach den Abflußkanälen hin. Die Abflußkanäle legt man unter die Bodenventile der Barken und Wannen bzw. der anderen Färbemaschinen, damit der Färbereiboden als solcher stets sauber und trocken ist. Beachtet man diesen Hinweis nicht, so läßt es sich nicht immer vermeiden, daß irgendwo hängende Kunstseide durch abfließende Farbbäder oder, was viel unangenehmer ist, durch Säuren und andere Chemikalien vom Fußboden aus bespritzt wird, was zu Beanstandungen führen kann. Abb. 47 zeigt einen Blick in eine zweckmäßig angelegte Kunstseidenfärberei.

Dampf. Färbereien sind Großdampfverbraucher. In erster Linie verwendet man den Dampf zum direkten oder indirekten Anheizen der verwendeten Bäder, in zweiter Linie zum Heizen von Trockenkammern und -kanälen sowie von Appreturmaschinen. Rückgewinnung des Kondensats ist bei indirektem Dampf Bedingung. Wird in der Färberei Kraft benötigt, so ist die Frage zu klären, ob der erzeugte Dampf auch der Erzeugung von elektrischer Energie nutzbar gemacht werden soll. Diese Frage muß je nach den örtlichen Verhältnissen unter Berücksichtigung der modernen Wärmetechnik studiert werden. Für den Färbereibetrieb mit seinem stoßweisen Dampfverbrauch eignen sich am besten Großwasserraumkessel. Erzeugt man eigene elektrische Energie, so schaltet man zweckmäßig mit diesem einen Röhrenkessel parallel. Schwierig für jede Färberei sind die Zeiten der Spitzendampfentnahme, beispielsweise die Zeit um 9 Uhr vormittags herum. Erfahrungsgemäß ist um diese Zeit der Dampfverbrauch am größten. Es ist daher darauf zu achten, daß um diese Zeit der Großwasserraumkessel in voller Dampferzeugung steht. Ist diese Zeit überschritten, so läßt man, falls man über beide erwähnte Kesselarten verfügt, den Großwasserraumkessel in der Hauptsache als „Akkumulator" mitlaufen, während man die Hauptmenge des Dampfes dem Röhrenkessel entnimmt. Um über die Zeiten der größten Dampfentnahme störungsfrei hinwegzukommen, empfiehlt sich auch der Einbau eines Ruthschen Wärmespeichers, der sich überall hervorragend bewährt hat. Es soll nicht unerwähnt bleiben, daß man auch durch organisatorische Maßnahmen die Dampfentnahmespitzen in etwa überbrücken kann, und zwar dadurch, daß man die Belegschaft nicht gleichzeitig am Morgen beginnen läßt, sondern etwa die Hälfte um 7 Uhr und die Hälfte um 8 Uhr. Es ist oft auch lohnend, vor Arbeitsbeginn durch einige Leute die Bäder anheizen zu lassen. Auf diese Weise verteilt sich die maximale Dampfentnahme.

Für eine Färberei ist ein Dampfdruck von 5—6 Atü wünschenswert, und für diesen müssen die Kessel eingerichtet sein. Ist eine Kraftmaschine vorhanden, so verwendet man für die Färberei zweckmäßig Anzapfdampf und begnügt sich in diesem Falle mit 3 Atü. Soll der Dampf von Kesseln mit einem höheren Druck als 6 Atü entnommen werden, so ist ein Druckminderungsventil einzuschalten.

Besonderer Wert ist auf die Querschnitte der Dampfleitungen zu legen. Das schnelle Anheizen der Bäder ist mit eine Grundbedingung für die Wirtschaftlichkeit des Betriebes: Wartezeiten belasten in der ungünstigsten Weise das Lohnkonto. Wir empfehlen für eine mittlere Färberei:

125er Dampfhauptleitungen,
100er Abzweigungen,
70er Zapfstellenzuleitungen,
$1^1/_2$er Bajonettventile für die Stückfärberei,
$1^1/_2$—1er Schwanenhälse mit den entsprechenden Verlängerungen für die Strangfärberei, Messingventile und Kupferrohre.

Elektrische Energie. Die Selbsterzeugung elektrischer Energie wurde oben bei der Dampferzeugung schon kurz gestreift. Auch hier ist auf die Querschnitte der Leitungen zu achten: Bis zur Verteilungstafel empfiehlt sich die Verlegung eines Kabels von 95 qmm. Hier unterteilt man in Querschnitte von 25, 16 und 10 qmm. 25 qmm verwendet man für die Motore schwerer Färbereimaschinen, 16 qmm für leichtere Maschinen, 10 qmm für Haspelkufen u. dgl. leichte Färbemaschinen. Für die Lichtleitung empfiehlt sich eine 16-qmm-Leitung bis zur Tafel, von dort ab 2,5-qmm-Leitungen zu den einzelnen Beleuchtungsgruppen.

Wasser. Eine große Rolle spielt für jede Färberei die Wasserfrage. Das Wasser steht in der Natur fast nie in einem solchen Zustand zur Verfügung, daß es ohne weiteres für alle Verwendungszwecke benutzt werden kann. Im allgemeinen enthalten die Wässer Schwebeteile anorganischer und organischer Natur, ferner Salze, wie z. B. Natriumchlorid, Erdalkalien und Eisen als doppelkohlensaure Salze und Neutralsalze, wie z. B. Gips, Magnesiumchlorid u. a. Welche Bestandteile ein Färbereiwasser enthalten darf und welche nicht, entscheidet der Verwendungszweck in der betreffenden Färberei. Für die Kunstseidenfärberei kommen in erster Linie substantive und Indanthrenfarbstoffe in Frage, während Beizenfarben ausschalten. Hierdurch ergibt sich zunächst schon, daß Eisensalze hier nicht so gefährlich sind wie in Baumwollfärbereien, die mit Beizenfarben oder gar noch mit Türkischrot arbeiten. Zwar kann es vorkommen, daß auch substantive Farbstoffe durch Eisengehalt des Wassers an ihrer Klarheit verlieren. Übersteigt also der Eisengehalt das erlaubte Maß, so ist eine Enteisenung vorzunehmen. Diese beruht darauf, daß das gewöhnlich als Ferrobikarbonat im Wasser gelöste Eisen sich beim Mischen mit Luft zu unlöslichem Ferrihydroxyd oxydiert. In dieser Form wird dann das Eisen abfiltriert[1].

[1] Vgl. Heermann: Enzyklopädie, S. 844.

Ein Wasser von nicht über 12—15 deutsche Härtegrade ist heute für die Kunstseidenfärberei ohne besondere Enthärtung in den meisten Fällen verwendbar. Es sind in der letzten Zeit eine ganze Reihe von Textilhilfsmitteln auf den Markt gekommen, die zum Korrigieren des Färbereiwassers ausgezeichnete Dienste leisten (s. S. 47). Färbt man viel Indanthrenfarbstoffe, so kann die Anschaffung einer Permutitanlage sehr empfohlen werden, da man bei Indanthrenfärbungen im Gegensatz zur substantiven Färbung doch besser mit weichem Wasser arbeitet. Für Kesselspeisezwecke genügt dagegen das Kalk-Soda-Enthärtungsverfahren.

Schwanenhals Wasserauslaufrohr — Abb. 48. Kupferwanne Dampfventil (Emil Müller sen., Barmen). — Schöpfer Bajonettanschlag

Man arbeitet zweckmäßig von einem Wasservorratsgefäß von 20 bis 40 cbm Inhalt aus, das man aus eigenem Brunnen speist, und zwar mit vollautomatischer Pumpenanlage von wenigstens 200er Pumpenröhrenquerschnitt. Was in bezug auf die Leitungsquerschnitte beim Dampf gesagt wurde, gilt auch für die Wasserleitungen: Schnelles Vollaufen der Kufen und Wannen ist erforderlich für die Wirtschaftlichkeit des Betriebes. Eine mittlere Färberei sollte für die Wasserleitungen folgende Dimensionen verwenden:

250er Rohr für die Hauptwasserzuleitung,
200er Rohr für die Abzweigungen,
70er Rohr für die Zapfstellen.

Die Zapfstellen werden mit Messingschwenkventilen und 3 Zoll Kupferauslaufbogen versehen. Als Rohrmaterial für die Leitungen kommt nahtloses Stahlrohr, feuerverzinkt oder bei Erdleitungen asphaltiertes Stahlrohr in Frage. Zu empfehlen sind auch Herolith und Tornesit der Mannesmannwerke. Die für das Einleiten von Dampf sowie die Zuführung von Wasser dienenden Gegenstände sind auf Abb. 48 abgebildet.

Abwasser. Hier ist zunächst etwas über die Bodenventile der Färbegefäße zu sagen. Auch diese sind nicht zu eng zu wählen, damit ein schnelles Abfließen der gebrauchten Bäder gewährleistet ist. Je nach Größe der Gefäße verwendet man Abflußrohre von 2—3 Zoll. Die Bodenventile der Barken stellt man aus Kupfer oder Messing her und verschließt sie mit einem Gummistopfen. Zum Öffnen der Ventile verwendet man Abzugshaken aus V2A-Stahl, für Laugen, Schwefelnatriumbäder, Chlor usw. sind entsprechende Ausführungen aus Eisen oder Blei ausreichend.

Die Abflußkanäle, die man, wie schon erwähnt, zweckmäßig unter die Bodenventile der Barken und Wannen legt, müssen ebenfalls ausreichend dimensioniert sein. Im allgemeinen kommt man mit Kanälen von 50 cm Breite und Tiefe bei mäßigem Gefälle aus. Die Kanäle werden mit Bitumen heiß gestrichen, um sie vor den schädigenden Einwirkungen von Säuren und Alkalien möglichst zu schützen. Besser — aber teurer — ist die Verwendung von Schmelzbasalt für die Abflußkanäle. Die Abflußkanäle werden nach oben durch bündiges Belegen mit durchlochten Eisenplatten abgeschlossen. Je nach den vorliegenden Verhältnissen müssen noch Vorsenken oder Kläranlagen zum Absitzenlassen grober Verunreinigungen eingebaut werden. Es ist selbstverständlich, daß man diese so anlegt, daß sie bequem und gut gereinigt werden können. An die Vorsenken schließen sich die unterirdischen Kanalrohre, meistens aus glasiertem Ton, an. Auch diese müssen von den Vorsenken aus gereinigt werden können.

Eine besondere Klärung der Färbereiabwässer ist in den weitaus meisten Fällen nicht erforderlich. Die Wirtschaftlichkeit des Betriebes erfordert schon eine sehr weitgehende Erschöpfung der Farbbäder, so daß die Färbereiabwässer im allgemeinen ziemlich klar sind. Es darf nicht außer acht gelassen werden, daß aus der Färberei auch Chlor und Hydrosulfit abfließen, die schon eine gewisse Reinigung der Färbereiabwässer hervorrufen.

5. Textilhilfsmittel.

Die heute im Handel befindliche außerordentlich große Zahl von Textilhilfsprodukten für alle Zwecke der Textilveredelung läßt es geboten erscheinen, vor der Besprechung der eigentlichen Färbeverfahren kurz auf diese Körper einzugehen. Die Verfasser sind sich dessen bewußt, daß eine zusammenhängende Darstellung der Anwendung dieser Hilfsprodukte ein äußerst schwieriges Beginnen ist, wir weisen daher ausdrücklich darauf hin, daß wir nicht alle Körper aufzählen und nicht jede herstellende Firma berücksichtigen können. Sollte daher das eine oder andere Produkt in diesem Kapitel nicht zu finden sein, so soll damit keineswegs gesagt werden, daß diesem Produkt etwa weniger günstige Eigenschaften zukämen. Wir werden hier nur die von uns (zufällig) erprobten Produkte erwähnen. Der Färber ist jedoch jederzeit in der Lage, auch andere ihm angebotene Körper selbst auszuprobieren.

Wie der Name sagt, dienen Textilhilfsmittel dazu, den Färbeprozeß sowie die Vor- und Nachbehandlungsprozesse in der Färberei zu erleichtern. Ihre chemische Zusammensetzung ist sehr verschieden [1]. Die ältesten Textilhilfsmittel sind Öle und sulfurierte Öle, flüssige Seifen und andere Kolloide. Hierhin gehören die Türkischrotöle und die auf ihm aufgebauten bzw. von ihm abgeleiteten Körper wie Prästabitöle, Colorane, Avirole u. a. m. Später wurde gefunden, daß auch echte Lösungen gebende Stoffe, aus heterozyklischen Basen bestehend, ein ausgezeichnetes Netz- und Durchdringungsvermögen besitzen. In diese Klasse gehören das Tetracarnit, Novocarnit, Oleocarnit, Neomerpin u. a. Eine weitere Klasse von Textilhilfsmitteln besteht aus Kombinationen organischer Fettlösungsmittel mit Seifen oder Türkischrotöl. Diese dienen in der Hauptsache als Reinigungs- und Entschlichtungsmittel. Hierhin gehören z. B. die Cyclorane, das Lanadin, Laventin, Lanaclarin, Verapol, Spezialseife C, Perpentol. In der letzten Zeit scheinen einige neue Körper geradezu eine Revolution auf dem Gebiete der Seifen und Textilhilfsmittel hervorzurufen, und zwar sind dies Körper vom Fettalkoholtypus, bei denen nur Sulfogruppen als wirksame Gruppen vorhanden, während z. B. die Karboxylgruppen festgelegt sind. Hier sind zu nennen die Gardinole und die Igepone. Diese Mittel sind in erster Linie dazu berufen, die Seife zu ersetzen. Trotz der überaus großen Anwendung von Seife in der Textilindustrie und besonders auch in der Kunstseidenfärberei haben sich doch in der letzten Zeit gewisse Beobachtungen verdichtet, wonach der Seife doch teilweise unangenehme Eigenschaften anhaften. Hierbei ist zuerst die relativ leichte Abspaltung von Fettsäuren, sei es, daß diese durch Hydrolyse oder, was auch angenommen wird (aber unseres Erachtens wenig wahrscheinlich klingt), durch die Einwirkung von Luftkohlensäure verursacht wird, zu nennen. Diese Fettsäuren oxydieren sich nun auf der Faser zu Oxyfettsäuren, was besonders leicht bei feinfädigen und Kupferseiden eintritt. Die Folge ist eine bunte Färbung, da die Oxyfettsäuren hartnäckig auf der Kunstseidenfaser haften und durch die üblichen Färbereibehandlungen nicht zu entfernen sind. Diesen Nachteil haben die eben angeführten Körper nicht, wobei sie gleichzeitig jedoch die Vorzüge der Seifen ebenfalls in hohem Maße aufweisen, nämlich guten Wascheffekt und Erzielung einer weichen und

[1] Vgl. Weltzien: a. a. O., S. 368.

geschmeidigen Faser. In Verbindung mit Seife angewandt, vermögen sie die oben geschilderte Reaktion der Seifen weitgehend zu verhindern. Sie dienen gleichzeitig als Emulsionsträger für die Seifenpartikelchen und führen so eine leichte Auswaschbarkeit der Seife herbei. Es muß jedoch zum Ausdruck gebracht werden, daß die Akten über das Kapitel Seife oder Fettalkohole noch keineswegs geschlossen sind.

Schließlich sind bei den Textilhilfsmitteln noch ausgesprochene Emulgatoren zu nennen, wie beispielsweise die Nekale. Neben einer guten Netzwirkung kommt ihnen in erster Linie ein hohes Emulgierungsvermögen zu. Sie finden daher überall dort Anwendung, wo Lösungen unlöslicher Stoffe hergestellt werden müssen. So ist es mit ihrer Hilfe beispielsweise möglich gewesen, hoch konzentrierte Emulsionen von Paraffin und Paraffinöl in Wasser herzustellen (z. B. Ramasit).

Wir werden nun einige Produkte anführen, und zwar in der Reihenfolge ihrer Anwendung in der Färberei.

Wasserkorrektion. Hartes Wasser erzeugt bei Anwesenheit von Seifen Metallseifen, als vorwiegend ist hier die Kalkseife zu nennen. Diese ist wasserunlöslich, sie ballt sich daher zu mehr oder weniger groben Flocken zusammen, die von der Faser abfiltriert werden und so zu einem fleckigen Warenbild führen [1]. Durch Zusätze von geeigneten Mitteln kann nun zwar die Kalkseifenbildung nicht verhindert werden, wohl aber wird die Kalkseife in so feiner Verteilung gehalten, daß sie von der Faser nicht mehr filtriert wird. In diesem Falle also entstehen keine fleckigen Färbungen. Zum Zwecke der Wasserkorrektion werden folgende Mittel verwandt: Hydrosan und Intrasol.

Es soll jedoch darauf hingewiesen werden, daß man bei Vorliegen von harten Wässern zweckmäßigerweise an Stelle von Seife Körper verwendet, die neben den Eigenschaften der Seife hohe Kalk- und Magnesiabeständigkeit aufweisen. Auf diese Weise kann man natürlich eine besondere Wasserkorrektion umgehen. Hier sind zu nennen das Soromin A, das Neopol T sowie die Gardinole und Igepone, ferner in Kombination mit Seife das Prästabitöl V und Melioran.

Vorreinigung. Zur Erzielung einer einwandfreien Färbung bzw. Bleiche ist eine Vorreinigung des Kunstseidenmaterials erforderlich. Dies gilt sowohl für Strangware als auch besonders für Wirkwaren, die meist zum Zwecke der leichteren Verarbeitung mit einer besonderen, öl- oder fetthaltigen Präparation versehen sind. Auf die Entschlichtung von Webwaren kommen wir weiter unten zurück. Für diese Zwecke sind bei gröberen Verschmutzungen (stark geölten Wirkwaren) zu empfehlen: Lanaclarin, Laventin KB, Cycloran und Spezialseife C, ferner Kali-Olivenölschnitzelseife. Die letztere wird bei hartem Wasser in Kombination mit den oben genannten Wasserkorrektoren angewandt.

[1] Kalkseifenflecken sind durch ein Bad von $1^1/_2$—2 Liter konzentrierte Salzsäure in 500 Liter Wasser, 1—$1^1/_2$ Stunde bei 40—45° C zu entfernen.

Ferner eignen sich Gardinol und Igepone für Strangware und weniger stark geölte Wirk- und Webwaren.

Entschlichtung. Bei geschlichteten Waren haben wir zwei Klassen zu unterscheiden: Entweder liegen Stärke- oder andere leichtlösliche Schlichten, wie z. B. Eiweiß- oder Pflanzenschleimschlichten vor, oder die Kette ist mit Leinöl oder anderen trocknenden Ölen geschlichtet. Im ersten Falle wendet man die üblichen Mittel, wie beispielsweise Diastafor, Biolase, Degomma, Novofermasol, Viveral u. a. in neutralem oder angesäuertem Bade an. Es empfiehlt sich jedoch die Mitverwendung von Körpern wie Gardinol C A, Melioran oder entsprechender Fettalkohole, da man hierdurch die Wirkung der Entschlichtungsmittel in hohem Maße begünstigt, wodurch man in vielen Fällen den Entschlichtungsvorgang abkürzen kann.

Bei Anwesenheit von Leinölschlichte bedient man sich der Körper, die ein hohes Lösungsvermögen mit guter Reinigungswirkung vereinigen. Hier kommen in Frage: Cycloran, Lanaclarin L M, Laventin B L, Verapolseife, Spezialseife C, Depanol. Zusätze von Gardinolen bzw. Igeponen sind in vielen Fällen günstig.

Bleichen. Durch die Herstellung chlorbeständiger Öle hat sich die Textilhilfsmittelindustrie unstreitig ein großes Verdienst erworben. Alle Bleichprozesse führen leicht eine Schädigung der Faser herbei. Gelingt es daher, durch geeignete Zusätze zur Bleichflotte die bleichende Wirkung zu steigern, so ist es dadurch möglich, die Bleichdauer entsprechend abzukürzen. Von chlorbeständigen Textilhilfsmitteln sind heute zu nennen das Prästabitöl V, das Flerhenol B T spezial und das Igepon T. Die Erfahrung hat gelehrt, daß Zusätze dieser Mittel zu den Bleichbädern außerordentlich günstig sind. Die Bleichdauer kann erheblich reduziert werden bzw. man erhält bei gleicher Bleichzeit gegenüber dem reinen Chlorbade ein klareres Weiß. Ferner findet eine Stabilisierung der Bäder statt, wodurch eine Ersparnis an Chlor eintritt. Es soll nicht unerwähnt bleiben, daß sich diese Körper auch als Zusatz zu Superoxydbädern verwenden lassen.

Färben. Im Färbebade tragen die Textilhilfsmittel — in geeigneter Auswahl — wesentlich zur Erzielung einer gleichmäßigeren Ausfärbung des Materials bei: Ferner wirken sie (besonders beim Färben glatter Stoffe auf dem Haspel) außerordentlich schonend auf die Ware durch Vermeidung von Scheuerstellen. In vielen Fällen wird durch Zusätze geeigneter Hilfsmittel eine klarere, leuchtendere Farbnuance erzielt. Nicht zuletzt soll jedoch ihre Wirkung auf die Weichheit und Geschmeidigkeit der Fertigware erwähnt werden. Als Zusatzmittel zum Färbebade sind zu nennen das Gardinol R und Gardinol C A, Igepon T und Neopol T extra sowie Brillant-Avirol L 142. Soromin A kann nicht im Färbebade verwendet werden, da es zu Farblackbildung neigt, wohl dagegen Soromin AF, das auch in basischen Farbbädern angewandt werden kann. Wird ein besonders fettiges Färben verlangt, so empfiehlt sich ein Zusatz von Prästabitöl V oder Seife in Verbindung mit den erstgenannten Körpern. In vielen Fällen wird durch Zusatz dieser Mittel bereits eine so ausgezeichnete Weichheit erreicht, daß sich ein besonderes Nachavivieren erübrigt.

Schwer durchfärbbare Waren (wie z. B. die Nähte bei Strümpfen) färbt man unter Zusatz von Tetracarnit oder Oxycarnit.

Bei Indanthrenfarben haben sich ebenfalls Zusätze von Gardinol, Igepon und Prästabitöl V bewährt. Hier ist jedoch noch eine weitere Klasse von Körpern zu nennen, die dazu bestimmt sind, eine gleichmäßigere Färbung der Indanthrenfarben zu gewährleisten. Es sind dies Schutzkolloide wie Humectol, Dekol, Chefadol, Peregal O usw.

Avivieren. Für die Avivage stehen heute ebenfalls Hilfsmittel in großer Zahl zur Verfügung, und zwar für jeden gewünschten Griff. Wir verweisen hier auf das Kapitel Avivage und wollen uns hier nur darauf beschränken, in groben Zügen die Wirkung dieser Mittel auf den Griff von Kunstseiden zu umreißen. Gardinole, Avirole, Soromin, Igepon, Neopol, Sapamin ergeben einen außerordentlich weichen, fließenden Griff in den verschiedensten Abtönungen, der jedoch etwas trocken ist. Tallosan, Sebosan, Monopolbrillantöl, Prästabitöle usw. machen ebenfalls die Faser weich, ergeben aber einen etwas schwereren Griff. Außerdem wird die Faser hierdurch „rutschiger", was für manche Prozesse der Weiterverarbeitung von Wert ist.

Nachseifen. In vielen Fällen muß eine gebleichte oder gefärbte Ware kurz nachgeseift werden, ohne ihr hierdurch eine direkte Avivage zu geben. Hier haben sich auch in letzter Zeit an Stelle von Seife die Gardinole und Igepone bewährt.

II. Die Strangfärberei.

6. Die Behandlung der Kunstseiden in der Strangfärberei.

a) Lagerung und Vorbereitung.

Im allgemeinen spielt die Lagerung der Kunstseide für die Strangfärberei nicht die große Rolle wie bei der Stückfärberei. Während bei der letzteren oft große Lager an Fertigwaren erforderlich sind und die Lagerzeit oft — besonders bei schlechtem Geschäftsgang — sehr lang ist, braucht kunstseidene Strangware meist nur recht kurz gelagert zu werden, da in den meisten Fällen die Stränge vom Verarbeiter nur für sofortige Farbaufträge angeliefert werden. Ein größeres Lager muß natürlich der Färber unterhalten, der selbst als Kunstseidenhändler auftritt und die Kunstseide in gefärbter oder gespulter Form weiterverkauft.

Die angelieferte Kunstseide bleibt bis zum Färben in der Originalverpackung. In dieser Form wird sie in Regalen aufbewahrt.

Es ist zweckmäßig, nicht allzu große Mengen übereinanderzustapeln, die Regale sollen daher alle Meter einen Zwischenboden haben. Der Lagerraum muß vor direktem Sonnenlicht geschützt sein und soll möglichst auf einer gleichmäßigen Temperatur von nicht über 15—20° C gehalten werden. Etwa hindurchgehende Dampfrohre sind daher zu isolieren. Vor allen Dingen muß der Raum vor den Dämpfen und Schwaden der Färberei geschützt sein.

Was für die Färberei selbst gesagt wurde, gilt hier noch in verstärktem Maße: Vollkommene Tropfsicherheit der Decken und etwa hindurchgehender Wasserrohre, die daher zu isolieren sind. Alle Eisenteile sind stets sauber zu streichen und rostfrei zu halten, wofür sich Aluminiumbronze oder weißer Emaillelack eignet. Die Regale müssen aus harzfreiem Holz sein. Auch ist darauf zu achten, daß sich keine Insekten in dem Holz befinden, die die Kunstseide schwer schädigen können.

b) Manuelle und maschinelle Behandlung.

α) **Handbetrieb.** Die aus dem Rohlager entnommenen Pakete werden geöffnet und die zu Butzen zusammengedrehten Kunstseidenstränge vorsichtig herausgenommen. Ein seitliches Herausreißen von einzelnen Butzen aus den noch verschnürten Paketen ist zu unterlassen, da hierdurch Fädchen zerrissen werden können. Die Butzen werden geöffnet und die einzelnen Stränge auf Stöcke gehängt. Als Stockmaterial verwendet man Haselnußstöcke, entrindet und mit ausgebrannten Ästen. Diese Stöcke sind in dieser Form heute im Handel, ein Nacharbeiten mit Glasscherben, wie das früher üblich war, kommt nicht mehr in Frage (Abb. 49). Zu empfehlen sind auch Holzstäbe mit besonders geglättetem Überzug aus heiß aufgebrannten Lacken, ebenso Eisenrohre mit Hartgummiüberzug. Aluminiumrohre eignen sich nicht für alle Zwecke, da sie unter Umständen zur Bildung von Aluminiumseife führen, wodurch Flecken auf der Ware entstehen können. Dieses Stabmaterial eignet sich auch für die Trocknung. Die in der Färberei sehr praktischen Tonkingrohrstäbe sind für die Trocknung dagegen ungeeignet, da sie hierbei leicht spleißen.

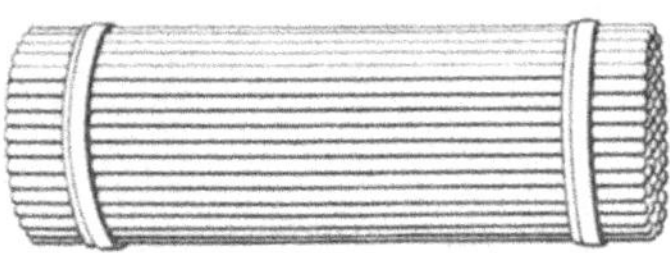

Abb. 49. Haselnuß-Färbestöcke (Emil Müller sen., Barmen).

Mit dem auf den Stäben aufgehängten Seidenmaterial geht man nun auf die Färbewannen. Hier gibt es nach Größe und Art die verschiedensten

Ausführungen: Holz (Abb. 50), Holz mit Kupfer, V2A, V4A oder Monelmetall ausgeschlagen. Auch ganz aus Eisen oder Kupfer bestehende Wannen sind verwendbar (Abb. 48). Empfehlenswert ist auch Eisen mit Hartgummiüberzug, Bakelit und nicht zuletzt Porzellan. Indanthren- und Entwicklungsfarbstoffe sollen nicht in Kupfer- oder Eisenwannen gefärbt werden. Es müssen ferner genannt werden die Tongefäße der Deutschen Ton- und Steinzeugwerke. Die Höhe der Wannen beträgt 60—70 cm, die Breite 65—70 cm, die Länge 0,5—12 m.

Um die Stränge aus den Wannen herauszunehmen, benutzt man eine Tragleiter, auch Traghorde genannt (Abb. 66 auf S. 92). Diese soll

Abb. 50. Hölzerne Färbewanne (Emil Müller sen., Barmen).

möglichst kein Metall enthalten und aus glattem Buchenholz bestehen. Die einzelnen Latten sind ineinandergezapft und mit Holznägeln verstärkt. Die Auflagefläche für die Kunstseide einschließlich Stöcken soll 10—15 cm breiter sein als die Stranglänge. Die Tragholme müssen so breit auseinander liegen, daß ein Mann bequem dazwischen gehen kann, und so weit von den Querholmen entfernt sein, daß beim Transport auf eine andere Wanne dem vorne gehenden Arbeiter die abtropfende Flüssigkeit nicht in die Galoschen oder Holzschuhe läuft. Es soll nicht unerwähnt bleiben, daß man die Stränge an Stelle auf Traghorden auch auf Stäbe aufschlagen kann, die man quer über die Färbewannen gelegt hat.

Das Umziehen der Stränge in den Behandlungsflüssigkeiten hat ruhig und in gleichmäßigem Rhythmus zu erfolgen. Von der Art des Umziehens hängt in starkem Maße die Spulbarkeit der gefärbten Seide ab. Schiefer Zug ist zu vermeiden. Ebenso sind die Stränge nicht immer nach derselben Richtung auf den Stäben umzuziehen, sie müssen vielmehr gleich oft nach rechts und nach links umgesetzt werden, damit sich die Kreuzhaspelung und die Fitzbänder nicht verschieben.

Zum Abmustern nimmt man einen Strang von einem Stab ab und wringt ihn an einem Pfahle mit dem Wringholz aus (Abb. 51). Die hierzu verwendeten Hölzer sind Bulletrie oder Pockholz. Der durch Abwringen von der Flüssigkeit befreite Strang wird jetzt getrocknet und mit dem Farbmuster verglichen. Es ist wichtig, den Strang vor dem Abmustern

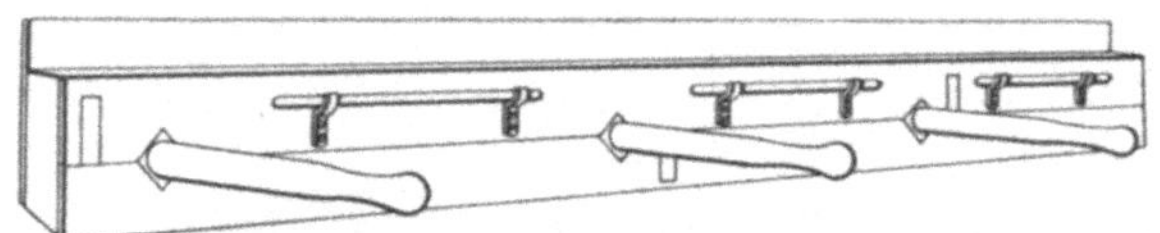

Abb. 51. Pfahlbank mit Wringhölzern (Emil Müller sen., Barmen).

kurz durch das anzuwendende Avivagebad zu ziehen, da Avivagemittel zuweilen den Farbton beeinflussen, außerdem ist der Strang kurz zu dämpfen. Ist ein Nachsatz von Nuancierfarbstoff erforderlich, so nimmt man einen Schöpfer (Abb. 48) zur Hand und holt in diesem den noch zuzusetzenden Farbstoff. Der Schöpfer dient zugleich zum Aufrühren

Abb. 52. Transportwagen (Emil Müller sen., Barmen).

Abb. 53. Zentrifuge (Krantz, Aachen).

des Färbebades. Nach Beendigung des Färbens entleert man die Wanne und läßt Frischwasser zum Spülen zufließen. Sind die Stränge gut gespült, aviviert man sie und legt sie auf die eben beschriebene Traghorde ab. Man nimmt hierbei alle die Stränge zusammen, welche auf einem Stab gehangen haben und dreht einen Kopf an, damit sie sich nicht verwirren. Dann trägt man sie zur Schleuder oder Zentrifuge, vor der gewöhnlich einige Abstellböcke stehen. Bei größeren Partien transportiert man die von den Stöcken abgenommenen Stränge auch auf besonderen Transportwagen (Abb. 52).

Es ist auf jeden Fall empfehlenswert, die Stränge zu größeren Paketen zusammengefaßt zum Zwecke des Abschleuderns in Tücher einzuschlagen,

Abb. 54. Strangtrockner (Haas, Lennep, Rhld.).

weil hierdurch die nasse Kunstseide sehr geschont wird. Die Zentrifugenkonstruktionen sind sehr zahlreich: Unterantrieb, Seitenantrieb und Hängeantrieb. Es ist schwer zu sagen, welcher Konstruktion man den

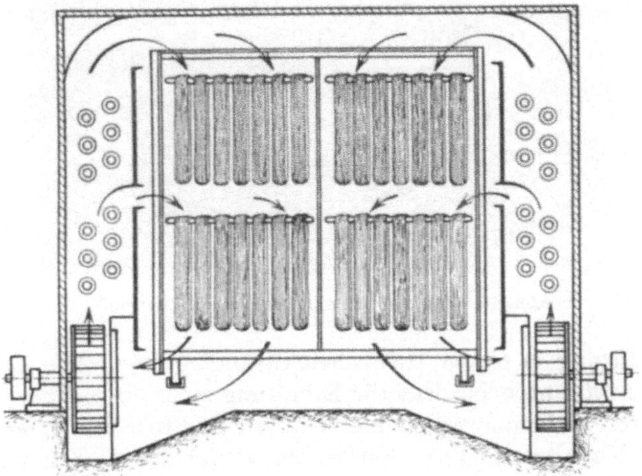

Abb. 55. Luftführung im Strangtrockner (Haas, Lennep Rhld.).

Vorzug geben soll. Empfehlenswert für die Kunstseidenfärberei sind schnell laufende Zentrifugen bis zu 1500 Touren und solche, die sich nach einer bestimmten Zeit automatisch abstellen (Abb. 53).

Nach dem Zentrifugieren werden die Stränge an der Pfahlbank (Abb. 51) mit der Hand angeschlagen. Das Schlagen darf nicht mit allzu großer Gewalt erfolgen, damit keine Fäden verletzt werden. Es kommt hierbei vielmehr auf ein Öffnen der Stränge, als auf ein Strecken an.

Nach dem Anstrecken geht man mit den Strängen wieder auf Stöcke und trocknet sie in den Strangtrocknern (s. Abb. 54). Abb. 55 zeigt

Abb. 56. Packbrett (Emil Müller sen., Barmen).

die Luftführung in einem Haasschen Strangtrockner. Die Luftführung von oben nach unten bewirkt die Erhaltung einer einwandfreien Stranglage. Es soll nicht unerwähnt bleiben, daß an Stelle des in Abb. 54 dargestellten Kanaltrockners in Färbereien vielfach auch Kammertrockner verwendet werden.

Sind die Stränge trocken, so sieht man sie an der Pfahlbank einzeln durch. Nach Möglichkeit soll man sie vor dem Verpacken einige Zeit an der Luft aushängen, damit sie sich wieder mit normaler Feuchtigkeit beladen können. Das Packen der Stränge geschieht auf dem Packbrett (Abb. 56).

Der Vollständigkeit halber seien an Ausrüstungsgegenständen für die Färberei noch Eimer, Siebe, Handfässer u. dgl. erwähnt.

Abb. 57. Färbemaschine (Gerber, Krefeld).

Abb. 58. Färbemaschine, neue Konstruktion (Gerber, Krefeld).

Abb. 59. Schlagmaschine (Konstruktion Taschner; Gerber, Krefeld).

β) **Maschinenbetrieb.** Ohne Schwierigkeit lassen sich die oben beschriebenen Vorgänge ganz oder teilweise auf maschinelle Behandlung umstellen. An dieser Stelle ist als Wichtigstes die Färbemaschine zu nennen. Die bequeme Unterteilungsmöglichkeit der Wannen bei den modernen Färbemaschinen durch wasserdichte Schotten gestattet die Behandlung kleinster bis größter Partien auf derselben Maschine. Die Maschinen werden heute in einer Vollkommenheit hergestellt, daß alle Farbstoffklassen auf ihnen gefärbt werden können. Wie beim Handbetrieb, gibt es Maschinen mit Porzellan- und solche mit Kupferwannen (s. S. 50). Wir bringen hier je eine Abbildung einer alten und neuen Gerbermaschine (Abb. 57 u. 58). Die neue Konstruktion hat vor der alten den Vorzug, daß eine bedeutend größere Strangmenge aufgenommen werden kann, wodurch es zu einer wesentlichen Farbstoff- und Chemikalienersparnis kommt.

Abb. 60. Schlagmaschine (Gerber, Krefeld).

Die besondere Konstruktion der Garnträger kommt ferner in erheblichem Maße der Windbarkeit der gefärbten Seide zugut. Gerade die heute im Handel befindlichen großen Stränge sind, besonders bei Indanthren- oder Entwicklungsfärbungen, ohne die neue Gerbermaschine kaum zu behandeln. Die Garnträger der neuen Gerbermaschine bestehen aus Monelmetall, werden auf Wunsch aber auch aus Porzellan geliefert. Zum Säubern der Monelmetallwalzen nach dem Färben empfiehlt sich Abreiben der Walzen mit Benzol oder anderen Lösungsmitteln. Man schont auf diese Weise in hohem Maße die Oberfläche der Garnträger.

Abb. 61. Strangpackmaschine mit verschiebbarem Boden (Sistig, Krefeld).

An dieser Stelle ist einiges über die Schlag- oder Anstreckmaschinen zu sagen. Es wurde oben erwähnt, daß man die Stränge vor dem Trocknen anschlägt. Für diese Manipulation sind ebenfalls Maschinen auf dem Markt, von denen die bekanntesten die Taschnersche (Abb. 59) und die Gerbersche (Abb. 60) sind. Die Ansichten über die Verwendbarkeit dieser Maschinen sind sehr geteilt. Sicher ist auf jeden Fall, daß bei nicht ganz einwandfreier Stranglage — und eine solche ist nach dem Färben fast nie vorhanden — die Maschinen leicht Fäden zerschlagen können. Ein starkes Anschlagen der Stränge ist aber auch gar nicht nötig, es genügt vollständig, wenn die Stränge vor der Trocknung so weit in Ordnung gebracht werden, daß sie regelmäßig und offen nebeneinander auf den Stäben hängen. Auf die Windbarkeit hat das starke Schlagen offenbar keinen Einfluß.

Bei der Besprechung der Färbereimaschinen muß hier noch die Packmaschine genannt werden, wie sie beispielsweise von der Firma Leo Sistig, Krefeld, gebaut wird (Abb. 61).

7. Färbeverfahren.

A. Viskoseseide.

a) Substantives und basisches Färben.

Wenn wir nun hier zur Besprechung der einzelnen Färbeverfahren übergehen, so wollen wir nicht eine eingehende Zusammenstellung der verschiedensten Rezepte geben, sondern wir werden hier nur rein praktisch ausprobierte Methoden bringen. Bezüglich der genauen Rezepturen verweisen wir auf die zahlreichen Musterkarten der Farbenfabriken, auf ihre „Ratgeber“ sowie auf die einschlägige Literatur [1].

Wir möchten vorweg noch besonders darauf hinweisen, daß es auch in diesem Kapitel unmöglich ist, die zahlreichen Produkte der Farben- und Textilhilfsmittelfabriken lückenlos aufzuführen. Wenn im folgenden einzelne Produkte nicht erwähnt sind, so soll dazu gesagt werden, daß an Stelle der erwähnten stets auch entsprechende Produkte anderer Firmen Verwendung finden können. Die große Menge von Prospekten und Broschüren der Farben- und Hilfsmittelfabriken überhebt uns hier außerdem der Mühe, zu sehr ins Einzelne gehen zu müssen.

Es war schon S. 6 erwähnt, daß die substantiven Farbstoffe zuweilen gern unegal auf Viskoseseide aufziehen. Um dieses so weit wie möglich zu verhindern, kommt es zunächst auf eine peinliche Farbstoffauswahl an. Wir verweisen hier unter anderem auf die Zusammenstellung gut egalisierender Farbstoffe bei Weltzien [2]. Für weniger hohe Echtheitsansprüche (insbesondere in bezug auf Wasser- und Waschechtheit) lassen sich die Benzoviskosefarbstoffe (I. G. Farbenindustrie Aktiengesellschaft) und die Riganfarbstoffe (Ciba) gut verwenden. Für braune und graue Töne verweisen wir außerdem auf das zum Färben von Strümpfen

[1] Vgl. insbesondere Weltzien: a. a. O. 329f. [2] Weltzien: a. a. O. 372.

(vgl. S. 137) ausgewählte Farbstoffsortiment. Die dort angegebenen Farbstoffe eignen sich selbstverständlich auch für Strang- und Stückfärberei.

Weiter ist bei substantiven Farben zur Erzielung einer besseren Egalisierung eine gründliche Vorreinigung (s. S. 47) von großem Wert. Auch egalisierend (und meist gleichzeitig quellend und reinigend) wirkende Zusätze zum Färbebade befördern die Egalisierung.

Für die Egalisierung spielt weiter bei vielen Farbstoffen die Färbetemperatur eine große Rolle. Hier lassen sich leider keine starren Vorschriften geben; der Färber muß hier selbst seine Erfahrungen sammeln. Die Unterschiede in der Egalisierbarkeit einzelner Farbstoffe bei verschiedenen Temperaturen sind manchmal beträchtlich: Siriusblau B R R färbt z. B. bei 60° C sehr bunt, während bei 90° C eine recht gute Egalisierung erreicht wird. Nicht alle Farbstoffe aber egalisieren besser bei höherer Temperatur, viele verhalten sich auch umgekehrt. Das abweichende Verhalten bei verschiedenen Temperaturen ist besonders unangenehm, wenn man mit Farbstoffgemischen arbeiten muß. Hier kommt es nach dem oben Gesagten darauf an, nach Möglichkeit Farbstoffe zu kombinieren, deren Temperaturkoeffizient nicht zu weit auseinanderliegt.

Vorbehandlung. Es war schon erwähnt worden, daß eine gründliche Reinigung zur Erzielung einer einwandfreien Färbung unerläßlich ist. Obwohl einzelne Viskoseseidenmarken ohne besondere Vorreinigung gefärbt werden können, ist die Reinigung jedoch ein nicht zu unterschätzender Sicherheitsfaktor: Es kann immer einmal eine Viskoseseide in die Färberei kommen, die länger gelagert hat, so daß die auf ihr als Avivage vorhandenen Öle oder Fette schwerer entfernbar geworden sind. Als Reinigungsbad eignet sich eine Flotte von 2 g Verapol, Spezialseife C oder Igepon im Liter und 5 ccm Ammoniak oder 2 g calc. Soda. Bei schwierigen Fällen empfiehlt sich sogar, an Stelle des Ammoniaks oder der Soda 2 g Natronlauge technisch zu nehmen. Man kocht unter vorsichtigem Umziehen evtl. auf der Färbemaschine ab, spült gründlich und beginnt dann erst den Färbeprozeß. Unter Umständen kann man nach Zusatz von Seife im Abkochbade weiterfärben.

Wird hochgriffige Ware verlangt, so stellt man vor dem Färben auf ein Bad mit 2—5 g Seife im Liter bei 70° C, zieht fünfmal um, wirft auf und läßt abtropfen. Dann geht man sofort in ein Bad von 45° C, welches 1—$1^1/_2$ g Schwefelsäure 66° Bé im Liter enthält, spült und färbt. Nach dem Färben aviviert man mit Milchsäure auf Griff (s. S. 79).

Bleichen. Man bereitet ein Chlorbad von 0,5° Bé und gibt dem Bade $^1/_2$ g Avirol AH, Flerhenol M superior oder Prästabitöl V zu. Es wird bei höchstens 25° C oder auch kalt gearbeitet. In diesem Bade behandelt man die Ware je nach Bedarf und gewünschtem Bleicheffekt 1 bis 3 Stunden. Darauf wird gut gespült und mit $^1/_2$—1 g Salzsäure 20° Bé im Liter gründlich abgesäuert. Hierauf wird kalt gespült. Um die letzten

Chlorspuren restlos zu entfernen, ist es erforderlich, ein Antichlorbad zu geben. Als solches verwendet man ein schwach ammoniakalisches Hydrosulfitbad oder ein Bad mit 1 g Antichlor (Natriumthiosulfat) im Liter. Diese Bleiche ist ausreichend als Halbbleiche zur Erzielung heller, klarer Farbtöne.

Für rein weiß geht man nun entweder noch einmal auf das erste Chlorbad zurück, wobei man das Antichlorbad natürlich überschlägt, oder man geht nach dem Säuern und Spülen auf ein frisches Chlorbad, das wie das erste bestellt ist, behandelt aber nur kalt oder höchstens bei 15 oder 20° C. Nach einer Stunde ist in den meisten Fällen ein reines Weiß erreicht. Dann wird wie oben gespült, abgesäuert und mit Antichlor behandelt. Hier schließt sich jetzt die Avivage an (s. S. 78). Dem Avivagebade gibt man etwas Bläue (Alizarinirisol, Alizarinsaphirol u. a.) zu. Evtl. seift man auch vorher heiß unter Zusatz von $^1/_4$ g Wasserglas und 2 ccm Wasserstoffsuperoxyd 30%ig im Liter während einer Stunde, spült und aviviert.

Färben. Wir werden hier das substantive und basische Färben gemeinsam behandeln, da vielfach ein Nachsetzen von basischen Farbstoffen erforderlich ist, um der leider heute üblichen Forderung nach absolut mustergetreuem Färben anstandslos nachkommen zu können. Das häufige Ineinandergreifen der beiden Färbeverfahren dürfte diese etwas vom üblichen abweichende Darstellungsweise rechtfertigen.

Wie schon S. 6 erwähnt, ist das färberische Verhalten von Viskoseseiden verschiedener Provenienz etwas voneinander abweichend, jedoch gelten im Prinzip dieselben Färbebedingungen. Auf einzelne Spezialmarken, wie z. B. unentschwefelte Viskoseseiden u. a. kommen wir weiter unten (S. 65) noch zu sprechen.

Man färbt mit substantiven Farbstoffen, wenigstens bei mittleren und tiefen Tönen, grundsätzlich im Glaubersalzbade. Zusätze von Soda und andern Alkalien sind nach Möglichkeit zu vermeiden, da hierdurch das egale Aufziehen erschwert wird. Bei schwer egalisierenden Farbstoffen oder Kunstseiden sind Zusätze von Seife oder Netz- und Färbemitteln am Platze. Wir können hier empfehlen: Oleocarnit, Oxycarnit L 50 (H. Th. Böhme), Melioran F 6 (Oranienburg), Verapolseife oder Spezialseife C (Stockhausen). Diese Mittel sind zugleich gute Emulgatoren für etwa noch auf der Kunstseide vorhandene Fettkörper, gleichzeitig verhüten sie im Seifenbade Kalkseifenbildung, da sie etwa entstehende Kalkseifen in feiner Verteilung halten. Sie wirken zudem faserquellend und helfen so dem gleichmäßigeren Aufziehen der Farbstoffe in günstigem Sinne nach.

Dem Färbeprozeß selbst ist die größte Aufmerksamkeit zu schenken. Im allgemeinen geht man bei substantiven Färbungen für mittlere und dunkle Töne bei 60° C ein, bei ganz hellen bei entsprechend niedrigerer Temperatur. Bei richtiger Stellung des Farbbades erreicht man bei dieser

Temperatur ungefähr die gewünschte Nuance. Dann gibt man zur Nuancierung oder evtl. erforderlichen Vertiefung die notwendigen Farbstoffe nach und treibt zum Kochen, um etwaige Unegalitäten auszugleichen. Sollte jetzt die Farbe noch nicht dunkel genug ausgefallen sein, so setzt man Glaubersalz nach und geht nochmals auf Kochtemperatur. Es kann nun vorkommen, daß die Nuance etwas zu dunkel ausgefallen ist. In diesem Falle läßt man unter langsamem weiterem Umziehen erkalten und mustert erneut. Man wird durch das Kälterwerden des Bades in den weitaus meisten Fällen ein Aufhellen der Färbung feststellen können Wenn die gewünschte Nuance erreicht ist, spült man in weichem Wasser. Harte Wässer sind durch Zusatz entsprechender Hilfsprodukte (S. 47) zu korrigieren, damit man, falls im Seifenbade gefärbt wurde, keine Flecken durch Kalkseifen auf der Kunstseide erhält. An das Spülbad schließt sich die Avivage an (s. S. 78).

Verschiedene Farbstoffe neigen zum Bronzieren. Hier hilft man sich gut dadurch, daß man dem Färbebade eine geringe Menge, etwa $^1/_2$ g, unaufgeschlossene Stärke im Liter zusetzt, die man vorher einfach mit Wasser aufgekocht hat. Man wird finden, daß der Stärkezusatz das Bronzieren verhindert. Es ist in solchen Fällen aber erforderlich, die Stärke nachher aus der Kunstseide wieder zu entfernen. Dies erreicht man durch Zusatz von $^1/_4$ g Diastase im zweiten, lauwarmen Spülbad (nicht heißer als 60° C!). Auf diesem essigsauren Diastasebad manipuliert man etwa $^1/_4$ Stunde bis 20 Min., spült und aviviert (s. S. 78).

Ist zur Erzielung der gewünschten Nuance ein basisches Übersetzen erforderlich, so gibt man den basischen Farbstoff praktisch gleich in das Avivagebad. Man erspart hierdurch ein besonderes Bad. Diese Arbeitsweise kann man jedoch nur bei ganz geringer Schönung anwenden. Muß man dagegen die basische Übersetzung mit größeren Farbstoffmengen vornehmen, so ist eine Vorbeize nötig. Diese verbindet man aber gleich mit dem substantiven Färben. Je nach Tiefe der Überfärbung setzt man dem substantiven Farbbade Katanol (1—3% vom Gewicht der Ware) zu. Man ist jetzt in der Lage, nach Beendigung des substantiven Färbens zu spülen und gleich auf das mit Essig- oder Ameisensäure angesäuerte basische Farbbad zu gehen, um dort nach Muster zu färben, während sonst nach dem substantiven Färben erst mit Tannin-Brechweinstein gebeizt werden müßte.

Bei rein basischen, satten Färbungen arbeitet man stets mit Vorbeize, entweder mit Katanol oder mit Tannin und Brechweinstein. Sind ganz „knallige“ Töne zu färben, so arbeitet man besser nicht mit Katanol, sondern stets mit Tannin-Brechweinstein, Antimonlaktat o. a., da Katanol leicht die Färbungen etwas trüber erscheinen läßt.

Bei ganz zarten Nuancen in basischen Farben arbeitet man nach Tede sehr gut, indem man vorher auf Tannin-Brechweinstein beizt und dann im fetten Seifenbade bei Temperaturen von 60—80° C, ja sogar kochend, basisch ausfärbt. Dieser Arbeitsgang hat sich besonders bei Kupferseiden bewährt. Die Affinität der basischen Farbstoffe zur Faser ist im heißen, fetten Seifenbade erheblich geringer, wodurch allerdings der Farbstoffverbrauch etwas steigt.

Das kombinierte substantive und basische Färben kann auch in folgendem Arbeitsgang geschehen: Man beizt auf Tannin-Brechweinstein vor, färbt substantiv, spült und überfärbt nun basisch. Es ist bei dieser Arbeitsweise interessant, festzustellen, daß das leicht bunte Aufziehen der basischen Farbstoffe durch die substantive Färbung nach vorheriger Beize verhindert wird. Andererseits wird durch die Tannin-Brechweinsteinbeize auch der substantive Farbstoff leichter gleichmäßig auf die Kunstseide gebracht. Die Tannin-Brechweinsteinbeize setzt nämlich die Affinität der Kunstseide zu den substantiven Farbstoffen herunter, die aufgezogenen substantiven Farbstoffe wieder vermindern die Affinität zu den basischen Farbstoffen und wirken so egalisierend. Auch dieser Arbeitsgang ist besonders bei Kupferseiden (vgl. S. 72) zu empfehlen.

Nachbehandlung von substantiven Färbungen. Zum Schluß sei noch etwas über das Nachbehandeln substantiver Färbungen auf Viskoseseiden gesagt: Formaldehydbehandlungen sind ohne weiteres auszuführen, dagegen sind Nachbehandlungen mit Metallsalzen möglichst zu vermeiden, da sie Viskoseseiden sehr hart machen und die Windbarkeit beeinträchtigen.

b) Färben mit Diazofarbstoffen.

Diazofarben färbt man auf die gleiche Weise aus wie die substantiven, jedoch diazotiert man hinterher mit Natriumnitrit und Salzsäure und kuppelt mit den entsprechenden Entwicklern. Hierher gehören auch die sog. Parafarben, die erst wie bei substantiven Farbstoffen üblich gefärbt und dann mit diazotiertem Paranitranilin direkt gekuppelt werden. Die Arbeitsweise mit den zuletzt genannten Produkten wird dadurch wesentlich erleichtert, daß die diazotierten Körper teilweise fertig in Pulverform im Handel sind, wie z. B. das Nitrazol C F u. a., wodurch Arbeitsgänge gespart werden. Man kann wohl sagen, daß diese Farbstoffgruppe in der Strangfärberei von Kunstseide viel zu wenig angewandt wird, obwohl sie über recht gute Echtheitseigenschaften, besonders in bezug auf die Lichtechtheit, verfügt, und außerdem das Sortiment außerordentlich reichhaltig ist.

Bezüglich der genauen Rezepturen verweisen wir auf die Musterkarten und Handbücher der Farbenfabriken; die dort angegebenen Vorschriften sind so exakt, daß sich besondere Erläuterungen und Hinweise hier erübrigen. Es bleibt noch zu erwähnen, daß die Parafärbungen grundsätzlich nach der Ausfärbung mit schwachen organischen Säuren abzusäuern oder zu avivieren sind. Dies ist besonders dann wesentlich, wenn die gefärbten Seiden hinterher bedruckt werden sollen. Reste von Alkali beeinflussen dann weiße Ätzmuster teilweise ungünstig. Dasselbe gilt für die Nitrophenyle (Geigy) und Parasulfonfarben (Sandoz).

c) Färben mit Schwefelfarbstoffen.

Bei hohen Echtheitsansprüchen in bezug auf Wasch-, Licht- und Überfärbeechtheit empfiehlt sich auch bei Kunstseiden die Anwendung von Schwefelfarbstoffen. Man färbt zweckmäßig unter Zusatz von Seife, Oleocarnit, Oxycarnit, Tetracarnit oder ähnlichen Produkten. Sollte trotz dieser Zusätze ein Bronzieren eintreten, so empfiehlt es sich, nach dem Färben wie folgt zu avivieren:

Für 50 kg Färbegut nimmt man 1 kg unaufgeschlossene Stärke und gibt diese in ein 60—70° C warmes Bad, das man mit 1% Monopolbrillantöl und $^1/_4$% Ameisensäure vom Gewicht der Ware bestellt hat. Man setzt 3—4mal durch, spült und gibt ein schwach mit organischen Säuren angesäuertes Bad von $^1/_2$ g Diastase im Liter. Auf diesem Bade hantiert man $^1/_4$ Stunde bis 20 Minuten. Eine besondere Avivage ist meist nicht erforderlich, es genügt vielmehr, von diesem Bade aus fertigzumachen.

Bei sämtlichen Schwefelfarbstoffen sollte man zur Vermeidung etwa eintretender Faserschädigungen dem letzten Spülbade vor dem Trocknen 1—3% essigsaures Natrium zugeben. Besonders bei Schwefelschwarz ist dieser Zusatz unerläßlich.

d) Färben mit Naphtholen.

Das Färben mit Naphtholen setzt einige Erfahrungen voraus. Man tut auf jeden Fall gut, wenn man sich genauestens an die Vorschriften der Farbenfabriken hält.

Nach beendeter Färbung ist die Reibechtheit zu prüfen, da diese bei nicht ganz sachgemäß geleitetem Färbeprozeß oft zu wünschen übrigläßt. Ist eine Färbung nicht genügend reibecht ausgefallen, so ist intensives Seifen am Platze. Man legt am besten die Stränge Kopf an Kopf in ein Bad von 1—2 g Seife und 1,5 g Soda im Liter über Nacht ein, nachdem man sie vorher mit einem 60—70° C warmen Seifen-Sodabade begossen hat. Handelt es sich um kunstseidene Zwirne, Stickgarne oder Fitzgarne, so arbeitet man sehr zweckmäßig auf der Gerberschen Seif- und Waschmaschine weiter. Nach dem Ablaufenlassen des Seifenbades nimmt man die Stränge heraus und bringt sie $1^1/_2$—2 kiloweise auf die Seifmaschine. Auf dieser wird zunächst gründlich kalt gespült. Dann schiebt sich automatisch die mit Seife beschickte Wanne unter. Auf 150 Liter Flüssigkeit nimmt man 5 kg Seife und 500 ccm Natronlauge 38° Bé. Bei jedem Neuauflegen setzt man $^1/_2$ Liter von der Seifenlösung nach. Auf der Maschine wird das Garn zwischen einer Weichgummi- und einer schwach geriffelten Kupferwalze abgequetscht. Danach wird heiß und kalt gespült (Abb. 62). Jetzt nimmt man von der Maschine und schleudert. Erforderlichenfalls gibt man noch ein besonderes Avivagebad vor dem Schleudern.

Abb. 62. Seif- und Spülmaschine für Indanthren-, Schwefel-, Diazo- und Naphtholfarben (Gerber, Krefeld).

Es soll an dieser Stelle erwähnt werden, daß sich die nunmehr die ganze Farbenskala umfassenden Naphtholfarben ausgezeichnet für die Fitzgarnfärberei eignen. Sie haben hier vor den Indanthrenfarben den Vorteil, daß sie durch Hydrosulfit beim späteren Indanthrenfärben nicht ausbluten, sondern höchstens zerstört werden.

e) Färben mit Indanthrenfarbstoffen.

Das Ausfärben von Indanthrenfarben auf Kunstseide ist verhältnismäßig schwierig und führt leicht zu Mißerfolgen. Noch mehr als substantive Farbstoffe haben Indanthrenfarbstoffe die Neigung, unegale Färbungen zu liefern. Die Forderung nach Indanthrenfarbstoffen ist in vielen Fällen auf der Unkenntnis der Verarbeiter und Verbraucher über die speziellen Echtheitseigenschaften dieser Farbstoffklasse begründet. Es gibt heute eine ganze Anzahl brauchbarer Färbeverfahren, die absolut für viele gewünschte Zwecke bezüglich der Echtheit der Färbungen ausreichen. Diese Verfahren sind einfacher und billiger auszuführen, und man hat dabei nicht die Schwierigkeiten, die man bei Indanthrenfarbstoffen häufig zu erwarten hat. In allen Fällen, wo in der Fertigware breite Flächen von Kunstseidefäden erscheinen, sollte man, besonders bei satten Tönen, von Indanthrenfarben absehen. Auf jeden Fall aber ist es gut, wenn der Färber vor Annahme des Auftrages seinen Kunden über diese Verhältnisse aufklärt.

Weiter hat sich der Färber vorher zu vergewissern, welchem Verwendungszweck die gefärbte Ware später dienen soll. Bei Markisen- und Dekorationsstoffen, die stark dem direkten Sonnenlicht ausgesetzt werden, zeigt sich oft schon nach verhältnismäßig kurzem Gebrauch ein deutliches Absinken der Faserfestigkeit bei einzelnen Farben. Hier haben wir einen Zerfall des Farbstoffmoleküls unter dem Einfluß des Sonnenlichtes, wobei Körper entstehen, die ihrerseits die Faser angreifen. Die für diese Zwecke ungeeigneten Farbstoffe sind in den Musterkarten der Farbenfabriken besonders bezeichnet.

Im allgemeinen kann man bei Indanthrenfarbstoffen genau nach den Angaben der Farbenfabriken arbeiten. Je nach dem vorliegenden Flottenverhältnis und den zur Verfügung stehenden Gefäßen ist zuweilen eine Variation der Lauge- und Hydrosulfitzusätze erforderlich. Bei schwer egalisierenden Farbstoffen hat sich auch ein Zusatz von Seife, Leim und Peregal O bewährt. Oftmals gelingt es auch, durch Arbeiten nahe bei der Kochtemperatur Egalisierungsschwierigkeiten zu umgehen. In solchen Fällen ist es jedoch erforderlich, die Küpe vor dem Umschlagen zu schützen, was sich durch folgendes Verfahren der I. G. Farbenindustrie recht gut durchführen läßt:

Man löst das Hydrosulfit möglichst konzentriert auf und gibt in diese Lösung Formaldehyd oder Azeton. Dieses Gemisch gibt man als solches in die Färbeküpe. Es spielt sich dann in der Küpe folgender Vorgang ab: Das zunächst bei niedrigerer Temperatur in der Küpe überschüssige Hydrosulfit wird durch den Formaldehyd gebunden und erst bei hoher Temperatur wieder abgegeben. Selbst leicht umschlagende Farbstoffe wie Indanthrenblau GCD schlagen bei dieser Arbeitsweise nicht um. Für dieses Färbeverfahren eignen sich folgende Farbstoffe:

a) Mit Azeton:

Helindongelb AGC
Indanthrengelb GF, G
Indanthrengoldorange 3 G, G
Indanthrengelbbraun 3 G
Indanthrenorange RRT, 4 R
Indanthrenrot GG
Indanthrenrotviolett RH
Indanthrenbrillantgrün RR, GG
Indanthrendunkelblau BO, BAO, BGO
Indanthrenbrillantgrün
Indanthrenkhaki GG
Indanthrenrotbraun R
Indanthrenbraun GR

b) Mit Formaldehyd:

Helindongelb AGC
Indanthrengelb 3 GF, GF, G, 3 RT
Indanthrengelbbraun 3 G
Indanthrenorange RRT, 4 R
Indanthrenrot GG
Indanthrenrotviolett RH
Indanthrenbrillantviolett 4 R, RRBA
Indanthrendunkelblau BGO
Indanthrenblau RS, GCD
Indanthrenbrillantblau R
Indanthrengrün GG
Indanthrenbrillantgrün GG
Indanthrenkhaki GG
Indanthrenrotbraun R
Indanthrenbraun FFR, SR
Indanthrengrau RRH, BTR, 3 B
Indanthrenschwarz BGA

Es sei noch ausdrücklich darauf hingewiesen, daß das Azeton bzw. der Formaldehyd der konzentrierten Hydrosulfitlösung zugegeben werden müssen. Gibt man diese Körper erst der fertigen Küpe zu, so bleiben sie wirkungslos.

Es soll nicht unerwähnt bleiben, daß sich für empfindliche Indanthrenfarben sehr gut unentschwefelte Viskoseseiden eignen.

Das Spülen und Seifen der Indanthrenfärbungen läßt sich zweckmäßig auch auf der in Abb. 62 dargestellten Maschine durchführen.

Unentschwefelte Viskoseseiden. In Ausnahmefällen können auch unentschwefelte Viskoseseiden in die Färberei kommen. Zwar handelt es sich dann meistens um Stückware. Trotzdem soll aber über das Färben dieser Seiden auch bei Strängen etwas gesagt werden: Es ist nicht in allen Fällen nötig, den Schwefel restlos zu entfernen, dieses kommt nur für zarte und lichte Töne in Betracht. Im allgemeinen genügt eine Vorbehandlung mit 3—5 g calc. Soda im Liter bei 80 bis 90° C. Zusätze von Seife sind günstig. Werden zarte, lichte und leuchtend klare Töne verlangt, so ist es erforderlich, den Schwefel restlos abzuziehen. Man behandelt dann die Seide mit 5 g Schwefelnatrium im Liter $^1/_2$ Stunde bei etwa 50° C vor, spült gründlich, säuert ab und schließt einen normalen Bleichprozeß mit Chlorlauge an. Im Anschluß daran wird wie üblich substantiv oder basisch gefärbt.

Es empfiehlt sich, vor dem Färben zu prüfen, ob der Schwefel entfernt ist. Man bedient sich dazu folgender Reaktion: 40 g Bleinitrat werden in 2 Liter destilliertem Wasser gelöst und mit 250 ccm einer 17,5%igen Natronlauge versetzt. Diese Lösung wird im Verhältnis 1 : 5 verdünnt. In ein weites Reagensglas bringt man ein Faserbündel und übergießt es mit obiger Bleilösung. Man erhitzt dann vorsichtig bis zum Sieden. Die Seide zeigt bei guter Entschwefelung keine nennenswerte Verfärbung, während Braun- oder gar Schwarzfärbung auf unzureichende Entschwefelung deutet.

In manchen Fällen ist es erwünscht, der Seide einen matten Glanz zu erhalten, wofür sich unentschwefelte Viskoseseide recht gut eignet. Man arbeitet dann wie folgt:

Man gibt zuerst ein Seifenbad von 4 g im Liter, $^1/_4$—$^1/_2$ Stunde bei 40—45° C. Dieses schwache Bad bewirkt, daß der Schwefel nicht restlos von der Faser entfernt wird, wodurch der der unentschwefelten Seide anhaftende Mattglanz erhalten bleibt. Ein Zusatz von 100—150 ccm Laventin BL auf 100 Liter Seifenbad ist zu empfehlen. Nach der Seifenbehandlung wird kalt mit weichem Wasser gespült. Dann geht man in ein Salzsäurebad von 2 g Salzsäure im Liter und behandelt die Seide 10—20 Min. bei 20—25° C in diesem Bade. Im Anschluß daran wird gründlich gespült und wie üblich gefärbt.

Soll die unentschwefelte Seide gebleicht werden, so geht man nach obiger Vorbehandlung in ein Chlorbad von 0,8 bis höchstens 1,0 g aktivem

Chlor im Liter bei 20—25° C. Die Behandlungsdauer richtet sich nach dem verlangten Bleicheffekt. Es ist peinlich darauf zu achten, daß der Bleichton aber nicht blauweiß wird. In diesem Falle unterbricht man sofort die Bleiche, da sie sonst zur Faserschädigung führt. Zur Beschleunigung des Bleichvorganges kann man dem Chlorbade geringe Mengen Essigsäure zugeben. (Man prüft das Bad mit Phenolphthalein: Das Bad ist in Ordnung, wenn die Rotfärbung etwa 1 Sek. bestehen bleibt.) Nach dem Bleichen spült man sorgfältig und säuert mit 3—4 g Ameisensäure im Liter bei 20—25° C ab. Hierauf wird bis zur neutralen Reaktion gespült und, damit der Bleichton nicht leidet, nicht über 50° C getrocknet.

Es soll nicht unerwähnt bleiben, daß bei unentschwefelter Viskoseseide auch ein kombiniertes Bleichen und Entschwefeln möglich ist. Recht gut eignet sich dann folgendes Verfahren:

Es wird ein Bad hergestellt, das 5 g Seife, 5 g Soda calc. und 5 g Blankit im Liter enthält. In dieser Flotte wird die Seide $^1/_2$ Stunde bei 90° C behandelt. Hierauf gibt man erneut 5 g Blankit zu und hantiert noch eine weitere $^1/_2$ Stunde. Der auf diese Weise erzielte Bleichton genügt vollständig für das Überfärben mit zarten Modetönen.

Bei Indanthrenfärbungen auf unentschwefelter Seide ist es empfehlenswert, vor dem Färben ein Bad mit 1 g Hydrosulfit im Liter zu geben. Man geht bei 60° C mit der Kunstseide ein und behandelt sie 10—15 Min. bei dieser Temperatur. Mit der so vorgereinigten Seide geht man bei 40—45° C in die Küpe ein. Die Küpe wird mit den bei dem Verfahren JW üblichen Mengen Hydrosulfit und Natronlauge versetzt. Günstig ist auch ein Zusatz von Glaubersalz und sulfurierten Ölen. Nach 15minütigem Hantieren schlägt man auf und setzt die Hälfte der zuerst angewandten Menge Hydrosulfit und ein Drittel der zuerst angewandten Menge Natronlauge zu, erhitzt das Bad auf 60—65° C und färbt bei dieser Temperatur fertig.

Die besonderen Eigenschaften der unentschwefelten Seide verzögern den Verküpungsprozeß etwas, weshalb der zweite Zusatz von Hydrosulfit und Lauge gegeben werden muß. Ein einmaliger Zusatz einer erhöhten Menge Hydrosulfit und Lauge ist aber nicht anzuraten, da gerade durch das Aufziehen des nicht restlos verküpten Farbstoffs die Egalität in günstigstem Sinne beeinflußt wird.

Luftseide (Celta). Die Luftseide unterscheidet sich in der Färberei dadurch von den andern Viskoseseiden, daß sie infolge ihrer voluminösen Faserstruktur sich durch eine besonders große Saugfähigkeit auszeichnet. Es ist beim Färben auf eine recht schonende Hantierung zu achten. Färbt man mit der Hand, so ersetzt man die Haselnußstäbe besser durch Glasstäbe. Ist die Kunstseide auf den Stäben aufgehängt, so bespritzt man sie zweckmäßig an den Aufhängestellen mit Wasser oder Behandlungsflotte, damit die Glasstäbe gründlich naß werden. Im andern Falle klebt die nasse Seide leicht an den trockenen Stäben fest, wodurch

Einzelfasern zerreißen können. Dasselbe gilt auch für die Färbemaschine mit Porzellanwalzen und für die anderen Kunstseidearten. Dieser kleine Kunstgriff trägt wesentlich zur Schonung des Materials bei. Bei Celtaseide ist besonders ruhig und unter Vermeidung von schiefem Zug zu hantieren.

Besonders gut eignen sich hier die Färbemaschinen. Die auf einen Garnträger aufgelegte Seidenmenge soll 1 kg nicht übersteigen. Die Drehzahl der Walzen ist möglichst klein zu halten.

Man arbeitet für substantive Farbstoffe in einem blinden Seifenbade bei 40° C gut vor, schlägt hoch, setzt die Farbstoffe zu und erwärmt das Seifenbad auf 70—80° C. In diesem fetten Seifenbade färbt man dann wie üblich. Bei vollständig ausgezogener Flotte kann man sofort im Anschluß an das Farbbad schleudern, andernfalls spült man und gibt dann ein frisches Seifenbad. Man kann auch im Seifenbad spülen.

Das Vormustern ist möglichst sorgfältig durchzuführen, damit ein häufiges Aufsetzen vermieden wird. An Stelle von Glaubersalz gibt man zweckmäßig bei Celtaseide Kochsalz zu. Man benötigt hier geringere Mengen als bei den normalen Viskoseseiden. Bei etwa auftretenden Egalisierungsschwierigkeiten erwärmt man gegen Ende des Färbeprozesses auf 85° C.

Basische Färbungen sind hier stets vorzutannieren.

Ein volles Schwarz erhält man nach folgendem Rezept:

10% Kunstseidenschwarz R
40% Glaubersalz krist.

2% Formaldehyd.

Sehr gut eignet sich für ein volles, blumiges Schwarz folgende Entwicklerfärbung:

13% Diazoechtschwarz MG
3% Diazoindigoblau BR extra
40% Glaubersalz krist.

0,25% Entwickler H
1,5 % Entwickler A.

Wird ein krachender Griff verlangt, empfiehlt sich ein Spülbad mit 0,5% Diastafor und 1% Milch- oder besser Weinsäure. Auch hier kann die auf S. 58 erwähnte Vorbehandlung ausgeführt werden.

Mattseiden erfordern keine von den normalen Viskoseseiden abweichende Behandlung.

Tiefmattseiden. Auch diese Seiden werden wie die normalen Viskoseseiden gefärbt. Bei tiefen Farbtönen (z. B. dunkelmarine und schwarz) wird eine ziemlich erhebliche Zunahme des Glanzes beobachtet. Es ist dies eine rein optische Erscheinung, die durch Abschirmen des einfallenden Lichtes durch den Farbstoff an der Oberfläche der Faser hervorgerufen wird und durch färberische Maßnahmen nicht überbrückt werden kann. Der Färber kann sich in etwa durch Anwendung eines der auf S. 71 erwähnten Mattierungsverfahren helfen. Die Tiefmattseiden benötigen eine konzentriertere Farbflotte, weil ihnen auch im gefärbten Zustand ein durch die eingelagerten Pigmente bedingter Weißgehalt bleibt. Für ein volles Tiefschwarz können wir folgende Farbstoffkombination empfehlen:

Kunstseidenschwarz GL,
Columbiaechtschwarz V extra,
Benzorhodulinrot B.

Monofile Produkte. Monofile Produkte wie Bändchen, künstliches Roßhaar usw. werden fast ausschließlich substantiv gefärbt. Hier kommt es in der Hauptsache darauf an, die Fasern möglichst weich und geschmeidig zu erhalten, damit später eine glatte Verarbeitung gewährleistet ist. Man netzt die Produkte vor dem Färben gründlich in einem Bade, das 2 ccm Monopolbrillantöl SO 100%ig und 0,25 g Nekal B X trocken im Liter enthält, bei 50° C. Dann färbt man nach Auflösen der Farbstoffe im Netzbade weiter wie üblich. Nach dem Spülen muß aviviert werden. Hier eignet sich folgendes Rezept:

1 g Seife,
2 ccm Olivenöl,
3 ccm Glyzerin im Liter.

Unter Umständen kann man auch in diesem Bade färben, wobei man Igepon T zusetzt.

Getrocknet wird nicht über 50° C.

Zu den monofilen Produkten gehört auch das sog. Tagalin. Dieses besteht aus einem Kunstseidenfaden, der nachträglich noch einmal mit Viskose überzogen wird. Diese Eigenart der Struktur macht auch eine besondere Behandlung in der Färberei erforderlich. Obwohl das Tagalin in den weitaus meisten Fällen erst in Form von fertigen Litzen in die Färberei kommt, halten wir es doch für zweckmäßig, es an dieser Stelle zu besprechen.

Um das Tagalin besser verarbeiten zu können, ist es von der Kunstseidenfabrik mit einer besonderen Präparation versehen. Wenn nun diese in der Färberei nicht restlos entfernt wird, entstehen leicht bunte und unansehnliche Färbungen. Um diese Schwierigkeiten zu vermeiden, behandelt man das Material wie folgt:

Man bereitet ein Bad aus 4 g Seife und 4 g calc. Soda im Liter, und bewegt das Material $^1/_2$ Stunde bei 90—100° C in diesem Bade. Für diese Vorbehandlung ist unbedingt weiches Wasser zu nehmen. Steht dieses nicht zur Verfügung, so ist entsprechend mehr Soda zuzugeben und vorher aufzukochen. An Stelle des Seifen-Sodabades kann auch ein Bad mit Natronlauge und Hydrosulfit verwendet werden in der Stärke, wie es für Indanthrenfärbungen benutzt wird.

Wird das Tagalin in Docken gefärbt und kann es infolgedessen in der Flotte nicht lebhaft bewegt werden, so empfiehlt sich eine Vorbehandlung mit 5 g Seife, 5 g Cycloran und 10 g Soda im Liter, $^{1}/_{2}$—1 Stunde bei 95° C.

Das Tagalin wird vielfach mit Sirius oder Baumwolle zusammen verarbeitet. Es kommt dann beim Färben nicht allein auf einwandfreies Durchfärben des Tagalins, sondern auch auf gute Ton-in-Tonfärbung mit dem anderen Material an. Es eignet sich am besten folgendes Farbrezept:

Man bestellt das Bad mit dem Farbstoff und 2,5 g Glaubersalz im Liter und färbt 1 Stunde bei 90° C. Gleich gute Färbungen erhält man bei einem Zusatz von 1,5 g Glaubersalz und 0,5 g Nekal AEM im Liter.

Beim Färben in alkalischer Flotte sowie im Seifenbade werden die Töne stumpfer und heller, auch wird die Ton-in-Tonfärbung nicht so gut.

Sedura. Die Festseide „Sedura“ der Vereinigten Glanzstoffabriken A.G. zeigt ein von den üblichen Viskoseseiden etwas abweichendes färberisches Verhalten, und zwar ist ihre Farbstoffaffinität wesentlich geringer. Bei Anwendung eines geeigneten Farbstoffsortiments sind keine unegalen Färbungen zu befürchten. Es hat sich jedoch gezeigt, daß hier die Auswahl noch schärfer zu treffen ist als bei den üblichen Viskoseseiden. Außerdem ist es bei einer ganzen Anzahl von Farbstoffen gelungen, die Egalisierung durch Färben in einem schwach sauren Bade noch zu verbessern.

Es soll ferner ausdrücklich betont werden, daß aus dem Begriff „Festseide“ vom Färber nicht der Schluß gezogen werden darf, diese Seide bedürfe keiner besonders schonenden Behandlung. Sie ist in färberischer Hinsicht in bezug auf das Beschädigen von Kapillarfasern usw. genau so empfindlich wie andere Kunstseide (obwohl ihre Substanzfestigkeit an sich wesentlich höher ist), um so mehr, als ihr Einzeltiter nur die Größe von 1,2 Denier hat.

Wir geben im folgenden eine Zusammenstellung geeigneter substantiver Farbstoffe mit Angabe der günstigsten Färbebedingung und Temperatur (100° C bedeutet Kochtemperatur):

Gelbe Farbstoffe.

Farbstoff	Bedingung	Temperatur
Benzoreingelb FF	Essigsäure	80° C
Benzolichtgelb 4 GL	neutral	100° C
* Brillantbenzolichtgelb GL	Essigsäure	100° C
Chrysophenin G	neutral	50° C
* Oxydianilgelb O	neutral	50° C
Pyramingelb G	Essigsäure	100° C

Orange Farbstoffe.

Farbstoff	Bedingung	Temperatur
Pyraminorange 3 G	Essigsäure	100° C
* Dianilorange N	neutral	100° C
* Plutoorange G	neutral	100° C
* Pyraminorange RR	Essigsäure	100° C
* Toluylenorange R	neutral	100° C
Toluylenorange GL	Essigsäure	80° C

Braune Farbstoffe.

* Benzobraun D 3 G	neutral	100° C
Oxaminbraun 3 G	neutral	100° C
* Oxaminsäurebraun G	Essigsäure	100° C
* Plutobraun GG	neutral	100° C
Thiazinbraun G	Essigsäure	100° C
Thiazinbraun R	Essigsäure	100° C
Baumwollbraun RN	neutral	100° C
Dianilbraun SGR	neutral	100° C
Plutobraun R	neutral	100° C
Toluylenechtbraun 3 G	neutral	100° C
* Baumwollbraun G	neutral	100° C
Benzodunkelbraun extra	neutral	100° C
* Dianilbraun MH	neutral	100° C
Dianilbraun S	Essigsäure	100° C
* Dianilbraun G	Essigsäure	100° C
Dianilechtbraun B	neutral	100° C
Benzolichtbraun RL	Essigsäure	100° C

Rote Farbstoffe.

* Siriusrot BB	neutral	100° C
* Siriusscharlach B	neutral	100° C
Benzolichteosin BL	Essigsäure	80° C
* Oxaminrot BN	neutral	100° C
* Thiazinrot R	neutral	50° C
Siriusbordo 5 B	neutral	50° C
Baumwollrosa GN	neutral	50° C
* Benzorot SG	Essigsäure	80° C
Benzolichtrot 6 BL	neutral	50° C
Benzolichtbordo 6 BL	Essigsäure	80° C
* Benzolichtrot FC	neutral	100° C
* Dianilrot 5 B	neutral	100° C
Dianilrot 10 B	neutral	100° C
* Dianillichtrot 6 BL	neutral	50° C
* Dianilechtrot PH	neutral	100° C
Dianilechtscharlach 4 BSN	neutral	80° C
Oxaminrot 3 BX	Essigsäure	100° C
*Oxaminrot	neutral	100° C
Siriusrubin B	Essigsäure	100° C
* Thiazinrot GXX	Essigsäure	100° C
Benzolichtrubin BL	Essigsäure	50° C
* Dianilgranat G	Essigsäure	80° C
* Oxaminechtrot F	neutral	100° C
* Oxaminbrillantrot	neutral	100° C

Violette Farbstoffe.

Siriusviolett BL	Essigsäure	100° C
Dianilechtviolett BL	Essigsäure	80° C
* Benzoviolett RL extra	Essigsäure	100° C
Brillantbenzoechtviolett BL	neutral	80° C
* Brillantbenzoviolett 2 BH	Ameisensäure	100° C
Benzoviolett O conc.	neutral	100° C

Blaue Farbstoffe.

Brillantdianilblau 6 G	Essigsäure	100° C
Benzoviskoseblau R	Ameisensäure	80° C
Brillantbenzoblau 6 B	Essigsäure	80° C
Dianilblau RR	Essigsäure	100° C
* Kunstseidenblau G	Essigsäure	100° C
Oxaminblau 3 R	neutral	100° C
Oxamindunkelblau R	neutral	100° C

Grüne Farbstoffe.

Oxamingrün G.	Essigsäure	100° C
* Benzogrün C.	Ameisensäure	100° C
Dianilgrün BBN	Essigsäure	100° C
Dianilgrün GN	Essigsäure	100° C

Graue und schwarze Farbstoffe.

Diamingrau G	neutral	100° C
Direkttiefschwarz RN.	Essigsäure	100° C
* Kunstseidenschwarz G	neutral	100° C
Benzoechtschwarz	neutral	100° C

Die mit einem * versehenen Farbstoffe egalisieren besonders gut.

Der Essig- bzw. Ameisensäurezusatz darf 10 ccm der 45%igen Säure im Liter nicht übersteigen. Die angegebenen Temperaturen sind Höchsttemperaturen, d. h. man geht mit der Ware bei etwa 40° C ein und bringt unter gutem Umziehen in kurzer Zeit die Färbeflotte auf die vorgeschriebene Temperatur.

Der Glaubersalzzusatz richtet sich wie üblich nach der gewünschten Farbtiefe und braucht auch bei tiefen Farbtönen 15—20% vom Gewicht der Ware nicht zu übersteigen.

Vor dem Färben gibt man ein heißes Bad von Marseiller Seife (etwa 2—5 g im Liter) und etwas Ammoniak.

Man wird beim Färben von Sedura vielfach feststellen, daß der Glanz und der der Sedura eigene knirschende Seifengriff etwas leidet, so wird beispielsweise durch alkalische Mittel, wie z. B. Soda, stets der Glanz gedrückt. Auch aus diesem Grunde ist neutrales bzw. schwach saures Färben anzuraten. Zusätze von Marseiller Seife können ohne Beeinträchtigung des Glanzes gemacht werden.

Der hohen Kochfestigkeit des Materials entsprechend, sollten nach Möglichkeit aus obigem Sortiment nur die echtesten Farbstoffe ausgewählt werden.

f) Mattieren von Viskoseseiden.

Entsprechend der heutigen Moderichtung wird vielfach ein Mattieren der Kunstseiden verlangt. Aus preislichen Gründen sieht der Verarbeiter manchmal vom Bezuge mattgesponnener Seiden ab, um die Mattierung dann in der Färberei vornehmen zu lassen. Es soll betont werden, daß diese nachträgliche Mattierung nicht die Dauerhaftigkeit im Mattglanz aufweist wie die der mattgesponnenen Seiden. Durch mehrmalige Wäschen wird stets wieder eine Zunahme des Glanzes eintreten. Zum Nachmattieren ist heute eine ganze Anzahl von Spezialpräparaten im Handel. Nach unseren Erfahrungen hat sich unter anderen das Dullit der I. G. Farbenindustrie recht gut bewährt. Weiter sind hier zu nennen das Orapret MAT[1], die Este-Mattierung P[2] sowie das Avivan[3]. Ein sehr gutes Rezept für einen relativ haltbaren Mattglanz, das leider etwas umständlich ist, ist auch das folgende:

Bad I. 500 g Wasser,
0,5 g Nekal BX,
10 g Gelatine,
5 g Bariumchlorid.

Die einzelnen Bestandteile werden bei 50° C gelöst, die Lösung durch ein Tuch geseiht und die Ware $^1/_4$ Stunde behandelt. Flottenverhältnis 1:30. Nach dem Abtropfen gibt man

Bad II. 500 g Wasser,
20 g Aluminiumsulfat krist.

In diesem Bade zieht man 10—15 Min. bei 40—50° C um, läßt abtropfen und gibt kalt

Bad III. 500 g Wasser,
20 ccm Ammoniak.

Man aviviert in 4 g Brillantavirol L 168 und 4 g Monopolbrillantöl. Empfehlenswert ist auch folgende Behandlung:

Bad I. 10 g Zinnsaures Natrium,
Bad II. 10 g Chlorbarium,
Bad III. 10 g Glaubersalz.

Zu den beiden ersten Bädern behandelt man die Kunstseide 20 Minuten bei 30—35° C. Das Glaubersalzbad wird 20 Minuten kalt angewandt. Zwischen den einzelnen Behandlungen wird kurz gespült. Nach dem dritten Bade gibt man ein Spülbad mit 1 g Sapamin MS. Unterläßt man das Spülen nach der letzten Behandlung, so tritt ein Stäuben der Kunstseide auf.

Dieses zuletzt genannte Verfahren eignet sich auch zur Herstellung der sog. „Engelshaut" auf Geweben. Man kann diese Behandlung auch vor dem Färben anwenden. Die Badkonzentrationen können bei Bedarf bis auf etwa 30 g erhöht werden.

B. Kupferseide.

Allgemein ist über das Färben der Kupferseiden zu sagen, daß sie infolge ihres niedrigen Einzeltiters äußerst schonender Behandlung in

---

[1] Oranienburger Chem. Fabrik. [2] Stockhausen (Krefeld).
[3] R. Bernheim (Augsburg-Pfersee).

der Färberei bedürfen. Ihre Farbstoffaffinität gegenüber substantiven Farbstoffen ist etwa 30% höher als bei Viskoseseiden, weshalb hier noch mehr als bei Viskoseseiden auf langsames Aufziehenlassen der Farbstoffe in der Färberei zu achten ist.

a) Substantives und basisches Färben.

Vorreinigung. Eine besonders gute Vorreinigung ist bei Kupferseiden von großem Wert. Es kommt hier darauf an, daß man das Vorreinigungsbad so einstellt, daß die Faser von Anfang an nicht hart wird. Wenn man durch irgendwelche Bäder der Kupferseide ihre von der Spinnerei anhaftende Geschmeidigkeit nimmt, ist es auch durch eine spätere Avivage sehr schwer, ihr die natürliche Weichheit und Geschmeidigkeit zurückzugeben. Wir empfehlen zur Vorreinigung ein Bad von 2 g Seife, 1 g Gardinol CA und 2 g Soda im Liter. Dieses Bad kann als stehendes Bad verwendet werden, wobei man nach jedem Durchsatz mit $^1/_2$ g Seife, $^1/_4$ g Gardinol und $^1/_2$ g Soda auffrischt. Günstig ist auch ein Zusatz von 1 g Ammoniak pro Liter Ansatzbad. Man geht mit den Strängen bei etwa 40^0 ein, treibt langsam zum Kochen und behandelt eine Stunde im kochenden Bade. Ein Eingehen in das kochende Bad ist zu verwerfen, da viele Avivagemittel dann so stark in die Faser „einbrennen", daß sie nicht mehr restlos zu entfernen sind. Nach dem Abkochen wird heiß gespült.

Bleichen. Da die Kupferseiden in rein weißem Zustand auf den Markt kommen, ist für die Buntfärbung eine besondere Vorbleiche nicht mehr erforderlich. Zur Erzielung eines schneeweißen Bleichtones arbeitet man wie folgt: Man gibt ein Seifenbad von 2—3 g Seife im Liter und $^1/_4$ g Wasserglas. Nachdem man in diesem Bade abgekocht hat, läßt man auf 70—80^0 C erkalten und gibt kurz vor dem Eingehen mit der Kupferseide 2—3 g Wasserstoffsuperoxyd 30%ig zu. In diesem Bade hantiert man etwa eine Stunde, spült gut und säuert mit organischen Säuren ab. Dann wird nochmals gespült und aviviert.

Wird ein ganz besonders klares Weiß verlangt, so stellt man die Kupferseide eine Stunde auf ein 70—80^0 C heißes Bad, das 0,5—0,8% Oxalsäure vom Gewicht der Ware enthält, spült danach ausgiebig und stellt dann auf eine Chlorlauge von $^1/_2{}^0$ Bé unter Zusatz von etwa $^1/_2$ g Prästabitöl V bei 18—20^0 C. Nach etwa 1 Stunde spült man kräftig, säuert mit Salzsäure kalt ab, spült gut und seift in einem Seifenbade von 2—3 g im Liter. Alsdann wird lauwarm gespült und aviviert.

Färben. Im Gegensatz zur Viskoseseide geht man bei Kupferseiden stets handwarm ins Färbebad. Man steigert dann unter mehrmaligem Farbstoffnachsatz bis auf 60^0 C. Zur besseren Egalisierung kocht man 1—2mal gut durch, spült und aviviert. Das Färbebad wird grundsätzlich mit Seife oder mit Fettalkoholen und Seife bestellt. Bei hartem

Wasser setzt man etwas Ammoniak oder Soda zu. Bezüglich der Farbstoffauswahl verweisen wir auf die entsprechenden Musterkarten für Kupferseide. Man kann nicht ohne weiteres bei Kupferseiden die Farbstoffe des Viskosesortiments anwenden, da ihre Eigenschaften zu den einzelnen Fasern zu verschieden sind. Der Färberei wird empfohlen, die Egalisierfähigkeit der verschiedenen Farbstoffe genau zu studieren. Auf diese Weise wird sich jede Färberei sehr bald ein für ihre Betriebsverhältnisse brauchbares Farbstoffsortiment zusammenstellen können.

Basische Färbungen sind bei Kupferseiden nie, auch wenn es sich um ganz schwache Färbungen handelt, ohne Tannin-Brechweinsteinbeize oder Katanol zu verwenden. Man behandelt mit den entsprechenden Mengen Tannin unter Zusatz von wenig Salz- oder Schwefelsäure und wenig Essig-, Milch- oder Ameisensäure zum Brechweinsteinbade. Nach gutem Spülen seift man, wenn helle Farben gefärbt werden müssen, bei 60° C mit 2 g Marseiller Seife im Liter und spült. Hierdurch erzielt man eine Herabsetzung der Farbstoffaffinität. Dann wird in schwach essigsaurem Bade mit basischen Farbstoffen aufgefärbt, gespült und aviviert.

Sollen substantive Färbungen mit ganz geringen Mengen basischer Farbstoffe geschönt werden, so arbeitet man zweckmäßig wie folgt: Man behandelt die Kupferseide wie gewöhnlich mit Tannin-Brechweinstein, spült und färbt dann substantiv aus. Nach der substantiven Färbung wird gut gespült und in schwach essigsaurem Bade mit basischen Farbstoffen geschönt. Dann wird gespült und wie üblich aviviert. Im übrigen gilt auch hier das bei Viskoseseide Gesagte (vgl. S. 57).

Für ganz helle basische Färbungen sind die unter Viskoseseide (S. 60) schon angegebenen Arbeitsweisen anzuwenden.

b) Färben mit Diazofarben und Naphtholen.

Hier kann die Färbeweise sich eng an die Viskoseseide anlehnen, eine besondere Besprechung für Kupferseide erübrigt sich daher.

c) Färben mit Indanthrenfarbstoffen.

Im allgemeinen gilt auch hier das bei Viskoseseide Gesagte. Nachzutragen wäre noch folgende Arbeitsweise, die sich bei Kupferseide sehr gut bewährt hat:

Man stellt die Ware auf die Küpe, die mit Dekol, Seife, Natronlauge und der entsprechenden Menge Farbstoff beschickt ist. Das Hydrosulfit läßt man jedoch vorerst fehlen. In diesem Bade zieht man die Kupferseide sorgfältig um, wobei man die Temperatur langsam bis auf 70° C treibt. Dann läßt man etwas abkühlen und gibt nun das Hydrosulfit in mehreren Portionen zu und färbt aus. Nach dem Schleudern (Eisenzentrifuge!) präpariert man kurz mit der Hand, schlägt von Hand etwas an, läßt oxydieren, spült, säuert ab (evtl. säuert man auch sofort ab), spült, seift und aviviert. Für dieses Verfahren eignen sich folgende Farbstoffe:

Indanthrengelb G, GF
Indanthrengoldorange G, 3 G
Indanthrenorange 3 R
*Indanthrenbrillantrosa R
Indanthrenrot RK
*Indanthrenviolett RR
Indanthrenviolett 3 B, BN, FFBN
Indanthrenblau GCD, 3 G, 5 G
Indanthrenbrillantgrün B
Indanthrenrotbraun R, 5 RF
Indanthrenbraun R, 3 R, G, GG
Indanthrengelbbraun 3 G
Indanthrenolive R.

Die mit einem * versehenen Farbstoffe benötigen zur Verküpung höhere Temperatur, während bei den übrigen Farbstoffen die Temperatur von 50° C ausreichend ist und nicht überschritten werden soll. In der Substanz gemischte Farbstoffe sind für dieses Verfahren unbrauchbar.

Bei Indanthrenfarbstoffen und andern Küpenkaltfärbern ist bei Kupferseiden besondere Vorsicht bei den Farbstoffen am Platze, welche mit geringen Laugenmengen gefärbt werden müssen. Infolge der starken Saugfähigkeit der feinfädigen Kupferseide kann es vorkommen, daß die Lauge vollständig von der Kunstseide aufgenommen wird, wodurch dann der Farbstoff zum Ausflocken kommt. Infolgedessen ist die Stellung der Küpe genauestens zu kontrollieren und erforderlichenfalls Lauge nachzusetzen.

Auch bei Kupferseiden eignet sich das Formaldehydverfahren (siehe unter Viskoseseide, S. 64).

C. Nitroseide.

Für das Färben von Nitroseide gilt im allgemeinen das für Viskoseseide Gesagte. Es ist noch zu erwähnen, daß die Behandlung wegen der bei einigen Nitroseidenmarken nur geringen Naßfestigkeit besonders schonend erfolgen muß. Die Egalisierung ist manchmal mit Schwierigkeiten verbunden, daher ist bei der Auswahl der Farbstoffe besondere Vorsicht am Platze. Die Kunstseidenspinnereien sind jedoch jederzeit bereit, geeignete Farbstoffsortimente anzugeben.

D. Azetatseide.

Zufolge der gänzlich von den übrigen Kunstseiden abweichenden chemischen Eigenschaften weicht auch das Färben der Azetatseide stark von dem der anderen Kunstseiden ab. Man färbt heute ausschließlich mit Spezialfarbstoffen für Azetatseide, von denen in erster Linie die Cellit- und Cellitechtfarbstoffe, sowie die Cellitazole zu nennen sind. Ein Färben mit gewöhnlichen Farbstoffen nach bestimmten Vorbehandlungen der Faser kommt heute nicht mehr in Frage. Grundsätzlich ist zu bemerken, daß für Azetatseide keine alkalischen Bäder verwendet werden dürfen, da hierdurch die speziellen Eigenschaften der Faser, wie Glanz und Anfärbbarkeit, grundlegend geändert werden. Ebenso sind Temperaturen über 85° C zu vermeiden.

Vorreinigung. Azetatseide ist aus der Fabrikation her meist mehr oder weniger stark geölt oder auch zuweilen zur Unterscheidung von andern Kunstfasern leicht angefärbt. Infolgedessen ist eine gute Vorreinigung notwendig. Wie schon oben gesagt, ist die Azetatseide sehr empfindlich gegenüber Alkali, weshalb die bei Viskose- und Kupferseiden üblichen Vorbehandlungsbäder hier nicht zur Anwendung gebracht werden können. Es empfiehlt sich, 30—40 Min. in einem Bade von 3—5 g Seife und 2—3 ccm Laventin KB pro Liter Flotte, bei 50—60° C zu waschen. Steht nur hartes Wasser zur Verfügung, so ist dieses vor Zusatz der Seife mit 2—3 ccm Intrasol oder 1—2 g Igepon T pro Liter zu enthärten. Nach dieser Behandlung wird die Seide sorgfältig warm gespült, wobei sich wieder ein Zusatz von 0,3—0,5 ccm Intrasol oder 0,3—0,5 g Igepon T pro Liter Spülbad empfiehlt.

Bleichen. Zum Zwecke der Ausfärbung zu hellen, klaren Farbtönen genügt obige Vorbehandlung vollkommen. Soll die Azetatseide rein weiß verwendet werden, so verwendet man ein mit Ameisensäure angesäuertes Chlorbad. Auch ein leichtes Bläuen ist angebracht. Man gibt dem letzten Spülbade dann je nach dem gewünschten Weißton geringe Mengen von Alizarinirisol R oder Alizarinrubinol R oder Mischungen von beiden zu.

a) Färben mit Cellit- bzw. Cellitechtfarbstoffen.

Diese Farbstoffe sind wasserlösliche Produkte. Sie werden, wie bei substantiven Farbstoffen üblich, unter Zusatz von 20—30% Glaubersalz calc. gefärbt. Man geht bei 60° C in das Bad ein und erwärmt es im Verlaufe von etwa 1 Stunde auf 70—80° C. Nach dem Färben wird wie üblich gespült und erforderlichenfalls aviviert.

b) Färben mit Celliton- bzw. Cellitonechtfarbstoffen.

Celliton- und Cellitonechtfarbstoffe sind in Teigform und als Pulver im Handel. Die Pulvermarken, die entsprechend ergiebiger sind, müssen vor dem Gebrauch sehr sorgfältig mit Wasser angeteigt werden. Die Stammlösung wird dann durch ein Tuch oder feinmaschiges Sieb dem Färbebade zugegeben. Man färbt am besten in einem leicht schäumenden Seifenbade von 2—3 g Marseiller Seife im Liter $^1/_2$—1 Stunde bei 60—70° C. Beim Nuancieren ist zu beachten, daß diese Farbstoffe außerordentlich ergiebig sind, daher ist vorsichtiges Zusetzen geboten. Nach dem Färben wird wie üblich gespült.

c) Färben mit Cellitazolen.

Die Cellitazole sind Entwicklungsfarbstoffe. Sie werden grundiert, auf der Faser diazotiert und mit Phenol, β-Naphthol, Resorcin, Entwickler B oder ON entwickelt. Wir verweisen hier auf die genauen Anwendungsvorschriften der Farbenfabriken. Die Cellitazole sind teils in heißem Wasser löslich, teils müssen sie durch Seife und Tetralin in Lösung gebracht werden.

Falls sich bei den wasserlöslichen Produkten ein geringer Rückstand zeigen sollte, kann dieser durch Übergießen mit etwas Essigsäure 6^0 Bé in Lösung gebracht werden.

Die nicht wasserlöslichen Produkte kocht man einige Minuten mit einer Mischung, die auf 100 Teile Wasser 3 Teile Tetralin, 4—5 Teile Seife und 0,5 Teile kalzinierte Soda enthält, gut durch und gibt die so erhaltene Lösung durch ein Tuch dem Färbebade zu.

Man färbt in einem Flottenverhältnis 1 : 30, geht mit der Seide in das 40^0 C warme Bad ein und erwärmt nach kurzer Zeit auf 60—70^0 C. Nach etwa $^1/_2$—$^3/_4$ Stunde wird kalt gespült und in einem frischen, kalten Bade diazotiert.

Das Diazotierbad enthält 4% Natriumnitrit und 10% Salzsäure 20^0 Bé. Hierin wird die Seide etwa 20 Min. hantiert und gespült. Im Anschluß an das Spülbad wird sofort entwickelt.

Bezüglich der Anwendung der einzelnen Entwickler verweisen wir auf die entsprechenden Musterkarten der Farbenfabriken. Es ist ganz besonders die Lösungsvorschrift für die einzelnen Entwickler zu beachten, da diese in bezug auf ihre Lösbarkeit alle etwas voneinander abweichen [1].

Nach dem Entwickeln seift man handwarm mit 2—3 g Marseiller Seife im Liter.

d) Mattieren von Azetatseide.

Azetatseide eignet sich besonders gut zum Mattieren. Es war schon S. 37 erwähnt worden, daß schon kochendheiße Behandlung in einem Wasserbade genügt, um einen Mattglanz zu erzielen. Durch Anwendung von mehr oder weniger quellend wirkenden Agenzien hat man es in der Hand, einen mehr oder weniger starken Mattglanz zu erzeugen. Für die Praxis hat sich folgendes Verfahren als recht brauchbar erwiesen:

Man bestellt ein Bad von 2—8 g Marseiller Seife und 2—5 g Phenol im Liter. Das Phenol wird zuvor in wenig Wasser gelöst. Die Behandlung dauert 1 Stunde, wobei man eine Temperatur von 90—95^0 C einhält. Nach dem Mattieren wird mit 70^0 C heißem Wasser gespült, bis der Geruch nach Phenol verschwunden ist. Bei Stückmattierung darf man bei Anwesenheit von Leinölschlichte nicht sofort in das heiße

---

[1] Siehe auch Weltzien, a. a. O. S. 432.

Bad eingehen, vielmehr geht man bei 40—50° C ein und treibt die Temperatur ganz allmählich höher. Es kann sonst leicht ein Unlöslichwerden der Schlichte eintreten.

8. Avivagen.

Die Avivage bezweckt die Verbesserung des Griffes sowie der Spulbarkeit der in der Färberei behandelten Kunstseide. Je nach dem Verwendungszweck und je nach den Wünschen der Kundschaft muß die Avivage sehr verschieden sein. Hierauf hatten wir schon kurz bei der Beschreibung der Herstellung der Kunstseiden hingewiesen. Mehr noch als bei den Färbeverfahren ist es hier schwierig, starre Rezepte zu geben. Einerseits ist es eine Unmöglichkeit, die Art des Griffes in Worten auszudrücken und andererseits ist die Wirkung der Avivierbäder sehr verschieden, je nach Art der behandelten Kunstseide, die sich sowohl nach ihrer Provenienz als auch nach ihrem Titer unterscheiden. Nicht zuletzt spielt auch die Beschaffenheit des zur Verfügung stehenden Wassers eine nicht zu unterschätzende Rolle, ebenso das vorausgegangene Färbeverfahren.

Je nach dem Griff kommen kernig- und weichmachende Avivagen in Frage, die erstere soll außerdem oft den der Kunstseide abgehenden knirschenden Griff der echten Seide ersetzen. Ferner werden manchmal Avivagen verlangt, die der Kunstseide lediglich die ihr durch die Behandlungsprozesse in der Bleicherei und Färberei genommene natürliche Weichheit und Geschmeidigkeit ersetzen. Wir wollen mit der zuletzt genannten Art beginnen.

a) Gewöhnliche Avivagen.

Hier können wir uns verhältnismäßig kurz fassen. Es war schon bei der Besprechung der Textilhilfsmittel erwähnt worden, daß man den Färbebädern gewisse Zusätze machen kann, die der Kunstseide die natürliche Weichheit erhalten, so daß sich eine besondere Nachavivage erübrigt. Wir wiederholen hier Gardinol R, Gardinol CA, Igepon T, Neopol T extra und Brillantavirol L 168. Man wendet Konzentrationen von 0,5—1 g im Liter an. Als neuestes Präparat kommt noch das Soromin AF hinzu.

Dieselben Mittel eignen sich auch zum Nachavivieren, und zwar in derselben Konzentration. Zu nennen ist ferner an dieser Stelle ein einfaches Seifenbad von etwa 1 g im Liter und darauffolgendes Spülen in einem schwachen Essigsäurebad.

Als ausgezeichnetes Avivagemittel hat sich ferner das Sapamin bewährt, das außerdem nicht unerheblich zur Erhöhung der Wasserechtheit der Färbung beiträgt.

b) Griffavivagen.

Wie schon gesagt, bezwecken die Griffavivagen die Erzielung eines kernigen, vollen, oft knirschenden Griffes. Ihre Erzeugung setzt zweckmäßigerweise schon vor dem Färben ein (vgl. S. 58). Hier gibt man vor dem Färben ein Seifenbad und ein leichtes Schwefelsäurebad bei 40—45° C mit darauffolgendem gutem Spülen. Nach dem Färben empfiehlt sich dann die Behandlung in einem Bade von folgender Zusammensetzung:

$^1/_2$ g Igepon (oder Tallosan, Soromin u. ä.),
2—5 g Milchsäure,
1—2 g milchsaures Natron,
$^1/_2$—2 g Leim,
$^1/_2$—2 g Malzextrakte,
1 g Glyzerin.

(Die Angaben beziehen sich auf Gramm im Liter Flotte.)

Das Bad wird bei 35° C angewendet. Selbstverständlich kann das Bad auch angewandt werden, wenn die oben erwähnte besondere Vorbehandlung vor dem Färben nicht ausgeführt wurde.

Je nach dem gewünschten Effekt können die Zusätze in obigem Bade nun beliebig variiert werden. Wir werden daher im folgenden die Wirkungsweise der einzelnen Zusätze näher erläutern:

Igepon und Milchsäure erzeugt eine runde Weichheit mit einem gewissen — durch die Verwendung der Milchsäure bewirkten — Nerv. Läßt man diese fehlen, so erzielt man lediglich eine weiche, etwas lappige Kunstseide.

Milchsaures Natron steigert die Kernigkeit in starkem Maße, ergibt den der Naturseide ähnlichen krachenden Seidengriff und erhöht die Beständigkeit des Griffes.

Leim erzeugt eine gewisse Fülle und Härte, wie sie z. B. für Futterstoffe verlangt wird, und gibt den sog. „Stoß". Wird nur eine Fülle, aber keine Härte verlangt, so empfiehlt sich die Verwendung von $^1/_4$ g Tragant oder auch wasserlösliche Stärke.

Malzextrakte, wie z. B. Diastase erzeugen eine weichere Fülle und einen weicheren Stoß.

Glyzerin macht weich und hygroskopisch, aber rund.

Diese Aufzählung der Einzelheiten gestattet ohne weiteres, die Zusammensetzung je nach dem gewünschten Effekt zu variieren. Es soll noch erwähnt werden, daß eine weitere Variierungsmöglichkeit darin besteht, daß man die Milchsäure durch Ameisen- oder Essigsäure ersetzt. Ameisensäure gibt der Seide weniger Nerv, noch weniger Essigsäure.

Die Temperatur des Avivagebades soll nicht unter 35° C betragen. Bei niedrigerer Temperatur tritt leicht ein Verschleiern der Farben und — bei Stückware — ein sog. Schreiben der Stoffe ein, d. h. beim Darüberstreichen mit dem Finger zeigen sich hellere Striche.

c) Weichavivagen.

Im Gegensatz zu den Griffavivagen stellt man Weichavivagen grundsätzlich mit Essigsäure. Man färbt unter Zusatz von Weichmachern, wie z. B. Melioran F 6, Igepon T, Spezialseife C, Verapolseife, Marseiller Seife (zweckmäßig in Kombination mit Igepon u. ä.), Gardinol W konz., Flerhenol M superior, Adulcinol u. a. m. Dann aviviert man etwa in folgendem Bade:

Auf 500 Liter Wasser gibt man

2 Liter Essigsäure techn.,
30 g Igepon T und
3 Liter Glyzerin.

Die Badtemperatur beträgt auch hier nicht unter 35° C. Dieses Bad kann man als stehendes Bad verwenden. Je nach der Aufnahmefähigkeit der Ware setzt man 10—40 g Igepon, $^1/_4$—$^1/_2$ Liter Essigsäure und 1—2 Liter Glyzerin nach.

Dieses Bad verträgt auch die unter b) Griffavivagen erwähnten Zusätze. Man erzielt so dieselben Effekte, aber unter Beibehaltung des weichen Griffes. Durch Zusatz von Ozonstärke kann man bei diesem Bade beispielsweise auf einen Griff kommen, der fast die Riegelappretur zu ersetzen in der Lage ist. Bei Zusatz von Stärke ist natürlich darauf zu achten, daß Konservierungsmittel zugegeben werden, damit keine Schimmelbildung eintritt. Es empfiehlt sich daher ein geringer Zusatz von Salizylsäure oder Formaldehyd. Bei dem letzteren ist zu beachten, daß nicht alle Farbstoffe formaldehydbeständig sind.

Wird in der Avivage etwas Öl verlangt, so empfiehlt es sich, nur hochsulfurierte Öle zu verwenden, wie z. B. Prästabitöl V, aber auch Tallosan und Monopolbrillantöl SO 100 müssen hier genannt werden.

d) Wasserabstoßendmachen.

Für regen- und schirmstoffechte Färbungen wird eine wasserabstoßendmachende Präparation der Strangware verlangt. Es geht aber heute auch das Bestreben dahin, andere Erzeugnisse, wie z. B. Strümpfe und Kleiderstoffe wasserabstoßend zu machen. So schön kunstseidene Waren im allgemeinen sind, so unangenehm ist ihre Eigenschaft, durch Regentropfen Flecken zu geben. Diese Flecken entstehen einerseits dadurch, daß auf der Ware befindliche Präparation sich in dem Regentropfen auflöst und beim Verdunsten einen Kranz bildet, andererseits ändert sich unter der Einwirkung des Regentropfens die Quellung des Kunstseidenfadens, was zu einer abweichenden Lichtreflektion führt.

In neuerer Zeit sind drei Hilfsprodukte auf den Markt gekommen, die an dieser Stelle erwähnt werden müssen, das ist das Imprägnol (A. Bernheim), die Este-Emulsion WK (Stockhausen) und das Ramasit K. Nach den Erfahrungen der Verfasser leisten sie zum Wasserabstoßendmachen sehr gute Dienste. Es soll ausdrücklich hervorgehoben werden, daß es sich hier nicht um ein Wasserdichtmachen handelt, vielmehr behalten die mit diesen Produkten behandelten Waren vollständig ihre Porosität.

Während das Imprägnol und Ramasit K im Einbadverfahren angewandt wird, erfordert die Este-Emulsion die Anwendung eines Zweibadverfahrens. Man könnte daher leicht geneigt sein, dem Imprägnol den Vorzug zu geben. Wir haben jedoch gefunden, daß das Imprägnol der Kunstseide oft einen harten Griff verleiht. Kommen daher Waren in Frage, die die Erhaltung eines weichen Griffes verlangen, so ist die Behandlung mit Este-Emulsion eher am Platze. Im Effekt des Wasserabstoßendmachens sind beide Produkte etwa gleich, wobei allerdings gesagt werden muß, daß die Este-Emulsion in geringerer Konzentration angewandt werden kann. Die genaue Anwendungsweise ist aus den Prospekten der herstellenden Firmen ersichtlich. Das Ramasit K ergibt ebenfalls einen etwas harten Griff.

Für Schirmstoffe genügt im allgemeinen folgende Behandlung der Stränge: Die wasserechte Färbung nimmt man durch ein neutrales Seifenbad von 2—5 g Marseiller Seife im Liter, läßt abtropfen oder schleudert kurz und geht dann auf ein Bad von essig- oder ameisensaurer Tonerde von 1—2 g im Liter. Danach wird getrocknet. Sollen die behandelten Stränge als Kette verwendet werden, so muß noch eine Kettpräparation erfolgen. Diese wird zweckmäßig gleichzeitig mit dem Wasserabstoßendmachen vorgenommen. Die hier angeführten Präparate und Verfahren können mit den auf S. 87 unter b) angeführten Schlichten kombiniert werden.

9. Kettpräparation.

A. Rohware.

a) Ölschlichten.

Den weitaus besten Effekt in der Weiterverarbeitung haben bisher die Ölschlichten ergeben. Sie erzeugen einen außerordentlich guten Fadenschluß und erhalten der Seide doch vollständig ihre Weichheit, was sich besonders günstig auf die Spulbarkeit auswirkt. Alle anderen Schlichten vermögen wohl, wenn sie gut sind, im Fadenschluß den ölgeschlichteten Seiden nahezukommen, in der Weichheit müssen sie jedoch stets hinter diesen zurückstehen. Bei den Ölschlichten sind Leinöl und leinölfreie Schlichten zu nennen.

Leinölschlichten. Den Leinölschlichten kommt in der Schlichterei der Kunstseide die größte Bedeutung zu. In bezug auf die glatte Verarbeitung in der Winderei und Weberei haben sie sich ganz hervorragend bewährt. Leider besitzen sie aber gewisse Nachteile, die sich trotz eifriger Studien bisher noch nicht restlos haben vermeiden lassen (vgl. S. 33). Die schwere Entfernbarkeit der Leinölschlichte darf heute als überwunden gelten. Dank der Hilfsmittel, wie z. B. Cycloran, Verapol, Spezialseife C, Lanaclarin, Laventin HW usw. macht die Entfernung der Leinölschlichten heute in den weitaus meisten Fällen keine Schwierigkeiten mehr. Die Entfernbarkeit der Leinölschlichten ist abhängig von dem Grad ihrer Oxydation und diese wieder von der Zeit, während der die Ware gelagert hat. Erfahrungsgemäß ist die Abziehbarkeit am schwersten bei einem Alter von 2—8 Monaten: Frische Schlichte ist leicht zu entfernen, über 8 Monate alte in den meisten Fällen auch wieder, weil während dieser Zeit leichter lösliche Abbauprodukte des Leinöls entstanden sind. Allerdings ist bei einer derartig langen Lagerzeit mit einer Faserschädigung zu rechnen. Nachteil der Leinölschlichte bleibt jedoch nach wie vor die Faserschädigung unter gewissen, noch nicht restlos geklärten Bedingungen.

Die Schlichtereien, die mit Leinölschlichte arbeiten, haben selbstverständlich diese Gefahr erkannt und eifrig an der Vervollkommnung der Leinölschlichte gearbeitet. Es muß anerkannt werden, daß man mit der Stabilisierung des Leinöls auf der Faser weitergekommen ist: Die sog. Stabilitätsprobe (3stündiges Erhitzen der geschlichteten Faser auf 105 bzw. 115° C) wird von einigen Schlichten jetzt ohne Faserschädigung vertragen, nicht jedoch die sog. Tropenprobe (72stündiges Erwärmen in feuchter Atmosphäre). Daraus folgt, daß auch die beste Leinölschlichte noch nicht geeignet ist für Exportaufträge in heiße Gegenden und daß auch bei ihnen bei unserem Klima in feuchten, warmen Sommern mit Faserschädigungen gerechnet werden muß. Überraschend ist die Beobachtung, daß Kupferseiden bei Leinöl einer größeren Gefahr ausgesetzt sind als Viskoseseiden. Die Annahme, daß dieser Umstand evtl. mit katalytisch wirkenden Kupferspuren zusammenhängen müsse, hat sich jedoch nicht beweisen lassen, da zuweilen Viskoseseiden gefunden wurden, die in ihrer Asche mehr Kupfer aufwiesen als die Kupferseiden. Auf einen Punkt muß aber noch besonders hingewiesen werden: Die Erfahrung mit Leinölschlichten hat gelehrt, daß gebleichte Seiden viel eher einer Faserschädigung unterworfen sind als ungebleichte Seiden. Die Ursache für dieses eigenartige Verhalten der gebleichten Seiden hat sich allerdings noch nicht finden lassen. Der Schlichter sollte daher unbedingt bei gebleichter Seide bei Verwendung von Leinölschlichten die Verantwortung für die Haltbarkeit der Kunstseiden ablehnen.

Man unterscheidet bei den Leinölschlichten zwei Verfahren: Einmal kann das Leinöl in gewissen organischen Lösungsmitteln, wie z. B. Benzin, Tetrachlorkohlenstoff gelöst auf die Faser gebracht werden (Lösungsschlichten), ferner kann es mit Hilfe geeigneter Emulgatoren in Wasser emulgiert und so der Faser einverleibt werden (Emulsionsschlichten).

Ein Unterschied im Verhalten dieser beiden Schlichtarten beim Spul-, Web- und Färbeprozeß besteht nicht. Die erste Leinölschlichte, die auf das DRP. 198931 von Boyeux zurückgeht, ist eine Lösungsschlichte. Die Lösungsschlichten haben in der Anwendung gegenüber den Emulsionsschlichten den Vorteil, daß die Butzen ungeöffnet in die Schlichteflotte eingelegt werden können. Soviel wir unterrichtet sind, geschieht das Schlichten gleich in der Zentrifuge, analog dem Arbeiten in der Pinkzentrifuge bei der Erschwerung der echten Seide. Nach dem Abschleudern werden die Butzen geöffnet und die Stränge auf Stäben getrocknet, wobei das überschüssige Lösungsmittel verdunstet. Nach dem Trocknen werden die Stränge mit der Hand ganz leicht angestreckt und versandfertig gemacht.

Bei den Emulsionsschlichten wird das Leinöl mit Hilfe geeigneter Emulgatoren, wie z. B. Nekal oder auch Ölen (Türkonöl, Emulphor FM u. ä.) in Wasser emulgiert. Es läßt sich bei diesem Verfahren jedoch keine so feine Verteilung der Leinölpartikelchen erreichen, daß man die Seiden auch durch einfaches Einlegen in Butzenform schlichten kann. Man muß sie vielmehr als einzelne Stränge auf Stäben oder Garnträgern der Färbemaschine schlichten. Während bei den anderen Leinölschlichten den Bädern Katalysatoren als Oxydationsbeschleuniger (Blei, Mangan, Kobalt) zugesetzt werden müssen, arbeitet das Gammaverfahren anscheinend ohne diese, hier wird die zur Filmbildung benötigte Oxydation durch Trocknen in besonderen Ozonisieranlagen erreicht.

Folgende Firmen sind heute für einwandfreie Leinölschlichte bekannt: Färberei Schetty (Basel), E. F. Kreß Söhne (Krefeld), Schlieper und Laag (Wuppertal), Textilausrüstungsgesellschaft (Krefeld), Etablissement Gamma (Lyon).

Es ist klar, daß eine ganze Reihe weiterer Färbereien mit Leinölschlichten experimentiert haben, jedoch sind diese Versuche alle ohne nennenswerten Erfolg geblieben. Zur Herstellung gehört eine ausreichende Erfahrung, ohne die schwere Schäden nicht zu vermeiden sind. Wir führen aus diesem Grunde auch keine Rezepte für Leinölschlichten an.

Leinölfreie Schlichten. Es fehlt bei der großen Bedeutung der Leinölschlichte begreiflicherweise nicht an Konkurrenzprodukten, die z. T. ganz leinölfrei sind, z. T. nur eine mehr oder weniger große Menge Leinöl enthalten. Von diesen hat sich nach unseren Erfahrungen das Setoran FL konz. neu am besten bewährt. Hersteller ist die Chemische Fabrik Oranienburg. Anwendung:

Für 10 Liter Flotte löst man

500 g Setoran FL konz. neu in
500 ccm warmem, weichem Wasser, dem zuvor
25 ccm Ammoniak[1] 25%ig zugesetzt wurden.

[1] Ein höherer Ammoniakzusatz ist nicht schädlich, je nach der Beschaffenheit des Wassers sogar angebracht.

Man verrührt kräftig, wobei sich ein weißer Teig bildet, der nach und nach mit weiterem warmen Wasser verdünnt und schließlich auf 10 Liter aufgefüllt wird. Man schlichtet 20 Min. bei 35° C, schleudert, streckt an und trocknet etwa 6 Stunden bei 50—60° C. Anschließend daran wird 1 Tag bei gewöhnlicher Temperatur verhängt.

b) Spezialprodukte.

Neu auf den Markt gekommen und an dieser Stelle zu nennen ist das Frapantol der Chem. Fabrik Stockhausen & Cie. Über dieses Produkt liegen uns jedoch noch keine ausreichenden Erfahrungen vor. Weiter gehören hierhin das Vinarol BO konz. (I. G. Farbenindustrie), das Blufajo (I. John Nachf., Dresden) und das Linol C (Stockhausen).

c) Stärkeschlichten.

Stärkeschlichten werden von den Färbereien in den verschiedensten Zusammensetzungen angewandt. Wir können hier folgende Verfahren empfehlen:

1. 3 kg Maisstärke mit
30 g Diastase aufgeschlossen,
$^1/_2$ Liter Olivenölemulsion,
2 Liter Essigsäure techn.

Diese Mengen reichen für 100 kg Ware. Die Stärke wird kalt angeteigt und nach Zugabe der Diastase langsam auf 60° C erwärmt. Bei dieser Temperatur wird bis zur vollständigen Verkleisterung gehalten. Dann kocht man auf, läßt einige Zeit brodeln, bis die Lösung sämig wird. In die Schlichtflotte gibt man bei 35° C zunächst die Stärkelösung und dann Öl und Säure. Flottenverhältnis 1 : 15.

Die Ölemulsion wird wie folgt angesetzt: 500 g Nekal AEM werden mit 1,5 Liter heißem Wasser angeteigt, gelöst und filtriert. In die heiße Lösung gibt man unter ständigem Umrühren 5 Liter Olivenöl. Von dieser so bereiteten Emulsion nimmt man die entsprechenden Mengen zum Schlichtebad. Sollten sich in diesem Bade Abscheidungen bemerkbar machen, so setzt man geringe Mengen Gardinol oder Melioran zu.

Man behandelt die Ware auf der Wanne oder Färbemaschine, schleudert je nach dem gewünschten Effekt 10—20 Min. bei 800 bis 900 Touren, schlägt an und trocknet bei 50—55° C.

2. Auf 1 Liter Flotte nimmt man

0,5—0,8 g Weizenstärke mit
0,005—0,008 g Diastase aufgeschlossen und
2,5 g Ramasit.

Diese Mengen beziehen sich auf Titer unter 100 Denier. Bei gröberen Titern verwendet man

3. 0,18—0,5 g Weizenstärke mit
0,0018—0,005 g Diastase aufgeschlossen und
1,8—2,5 g Ramasit.

Die Stärkelösung wird wie unter 1. beschrieben hergestellt. Man säuert das Schlichtebad schwach mit Essigsäure an und macht das Bad 50° C warm. Bei dieser Temperatur gibt man Stärkelösung und Ramasit in das Bad. Flottenverhältnis auf der Maschine 1 : 15, auf der Wanne 1 : 60. Die Bäder müssen sofort verwendet werden, da sie leicht ausfallen, was man in etwa durch Zusatz von Gardinol oder entsprechenden Fettalkoholen verhindern kann. In diesem Bade behandelt man die Stränge 10—15 Min. Dann packt man in Tücher, schleudert aus und streckt an. Auch für diese Schlichten gilt das für die fetthaltigen (S. 87) Gesagte. Da die Stärke von den verschiedenen Kunstseiden je nach Titer, Drehung usw. sehr verschieden aufgenommen wird, ist es stets zweckmäßig, sich durch einen Vorversuch vom Ausfall der Partie zu überzeugen. Man setzt also dem Bade erst eine kleinere Menge Stärke zu, präpariert einen Fitzen und trocknet ihn. Nach Bedarf gibt man dann weitere Stärke nach. Ist trotz des Vorversuches die Partie zu stark mit Stärke behaftet, was sich durch Kleben zu erkennen gibt, so stellt man sie auf ein frisches Bad mit der entsprechenden Menge Ramasit, jedoch ohne Stärke.

d) Präparation für Pol (Polkette für Samt).

Für die Präparation von Polketten für Samt eignen sich zunächst alle oben erwähnten Leinölschlichten. Von einer Polpräparation wird verlangt, daß sie die Faser biegsam macht, aber doch hart ist, so daß ein glatter Schnitt des Gewebes ermöglicht wird. Es ist bei diesem Verwendungszweck besonders darauf zu achten, daß die Schlichtung in allen Strängen vollkommen gleichmäßig ist. Eine weichere Faser ergibt durch Umbiegung vor dem Messer eine andere Schnittfläche, was im fertigen Samt unbedingt zur Streifigkeit führt.

Als weitere Polpräparationen führen wir folgendes Rezept an:

I. Stammemulsion (für 90 kg Kunstseide).

200 g Kokosfett,
200 g festes Paraffin,
1,5 Liter Olivenöl

werden aufgekocht. Dann wird bei abgestelltem Dampf $^1/_4$ Liter Kalilauge techn. unter gutem Umrühren in drei Portionen zugegeben.

II. Präparationsbad.

In 2000 Liter Wasser gibt man:

2 Liter Essigsäure techn.,
2 Platten Lederleim (über Nacht eingeweicht) und
300 g Weizenstärke.

Das kalt angeteigte Bad wird langsam erwärmt. Bei 35—40° C gibt man die obige Stammemulsion langsam zu und treibt das Bad zum Kochen. Bei Temperaturen über 80° C zieht man die Kunstseide auf Stäben oder Garnträgern in diesem Bade um, nimmt stab- bzw. walzenweise ab, schleudert, streckt mit der Hand an und trocknet bei 50—60° C.

In bezug auf die Konzentration kann dieses Bad natürlich variiert werden. Je nach der zur Anwendung kommenden Ketteinstellung ist eine geringere Verdünnung zuweilen am Platze. Die geeignete Konzentration muß daher von Fall zu Fall ausprobiert werden. Für schwere Kettpräparation bei einem sehr schweren Werk wurden z. B. mit der zehnfachen Konzentration, also obige Mengen für 200 Liter Wasser, sehr gute Resultate erhalten.

e) Schlichten für die Kettschlichtmaschine.

Der Vollständigkeit halber soll hier auch ein Rezept für die Schlichtmaschine angegeben werden, da es sich zuweilen in der Schlichterei lohnt, auch das Schlichten von fertig gebäumten Ketten zu übernehmen. Für 10 Liter Wasser nimmt man

350—375 g Kunstseidenpräparat (Chem. Fabrik Koblenz-Wallersheim),
200—250 g Milchsäure techn.

Das Schlichten geschieht bei gewöhnlicher Temperatur. An fertigen Schlichtpräparaten sind an dieser Stelle zu nennen die Schlichte, die von der Maschinenlieferantin Leo Sistig, Krefeld zu beziehen ist, das Ortoxin und Vinarol der I.G. Farbenindustrie sowie das Frapantol der Chem. Fabrik Stockhausen & Cie., ferner das Blufajo (I. John-Dresden) und die Maizena-Stärke.

B. Gefärbte Ware.

Hier kommen nur Schlichten in Frage, die die Farbe des Kunstseidengarnes nicht abdecken. Ferner müssen sie beim Webprozeß zum größten Teil abstäuben, da die Ware ja keine Naßbehandlung mehr durchmacht. Aus diesem Grunde können für diesen Verwendungszweck auch keine Leinölschlichten angewandt werden.

a) Stärkeschlichten.

Hier eignen sich die schon bei Rohware unter Stärkeschlichten 2) und 3) erwähnten Schlichten, allerdings in einer anderen Konzentration (S. 84). Für Titer unter 100 Denier empfehlen wir folgende Mengenverhältnisse:

0,2—0,75 g Weizenstärke,
0,002—0,008 g Diastase,
2,5—3 g Ramasit pro Liter Flotte.

Für Titer über 100 Denier:

0,08—0,3 g Weizenstärke,
0,0008—0,003 g Diastase,
1,8—2,5 g Ramasit pro Liter Flotte.

Im übrigen gilt für die Anwendung dasselbe, was bei diesen Schlichten für Rohware gesagt wurde. Geeignet ist auch folgendes Rezept:

$^1/_2$ % Leim,
$^1/_2$ % Cellapret,
$^1/_2$ % Kunstseidenpräparat (Koblenz-Wallersheim),
$^1/_{10}$ % Diastase,
$^1/_8$ % Milchsäure,
$^1/_{20}$ % Ölemulsion (s. S. 84).

Die Bäder werden kalt bis lauwarm angewandt, je nach der Echtheit der gefärbten Ware (Prozent vom Gewicht der Ware).

b) Paraffinschlichten.

1. 7% Dextrin,
1—2% Kartoffelmehl,
6% Paraffin (in wenig Wasser geschmolzen).

Dieses Gemisch wird aufgekocht und auf 60° C abkühlen gelassen. Bei dieser Temperatur wird geschlichtet. Verträgt die Echtheit der Färbung diese Temperatur nicht, so wendet man zweckmäßig eine andere Schlichte an. Die geschlichteten Stränge werden in heiße Tücher geschlagen, noch heiß geschleudert und angestreckt. Die Schleuderzeit beträgt bei 850—1000 Touren 10 Minuten.

2. 4% Bienenwachs,
2—3% Paraffin,
2—$2^1/_2$% Kartoffelmehl

werden wie unter 1) gelöst und zur Schlichtung verwendet.

Allgemein muß zum Schlichten mit Massen, die geschmolzene Fette enthalten, folgendes gesagt werden: Die Stränge müssen bei mindestens 60° C aus dem Bade genommen werden. Höhere Temperaturen können nicht schaden, wohl aber niedrigere. Die zur Verwendung kommenden Schleudertücher werden kurz vorher durch heißes Wasser gezogen. Die Zentrifuge muß angewärmt sein. Der Raum, in dem sich die Zentrifuge befindet, muß mindestens 25° C warm sein, damit ein Verkleben der Stränge („Riemigwerden") verhindert wird. Es ist auch empfehlenswert, die Pakete nach der halben Schleuderzeit umzupacken, damit nicht ein zu ungleiches Abkühlen der einzelnen Pakete stattfindet. Nach dem Schleudern schlägt man kurz mit der Hand, mit dem Holz oder auf der Maschine an. Bei großen Partien, die nicht sofort hintereinander angeschlagen werden können, legt man die Pakete vor dem Schlagen in einem Raum von 25—30° C ab. Nach dem Anschlagen bringt man die Stränge auf Stöcke und trocknet sie bei 55—60° C. Die Trockentemperatur darf den Schmelzpunkt des Fettes nur eben überschreiten. Geht man mit der Trockentemperatur zu hoch, so läuft das Fett nach unten zusammen. Die Schleudertücher müssen so dimensioniert sein, daß die Kunstseidenpakete von allen Seiten gut bedeckt sind und nicht einzelne Teile mit Luft in Berührung kommen.

Bei weißgefärbten Tiefmattseiden tritt durch Anwendung von Paraffinschlichten leicht eine merkliche Erhöhung des Glanzes ein, die nicht erwünscht ist. In diesem Falle kann ein Schlichten mit 10—15 g Vinarol BO konz. im Liter empfohlen werden.

C. Schußpräparation für ungedrehte Seiden.

Unter Umständen werden für Schußzwecke vollständig ungedrehte Seiden verwendet. Hier kommt in der Hauptsache Bembergseide in Frage. Man gibt dann der Kunstseide zur Erzielung einer besseren Spulbarkeit zweckmäßig eine leichte Präparation. Wir führen hier einige Rezepte an:

1. 1% Diastase,
   $^1/_{20}$% Ölemulsion (s. S. 84),
   $^1/_2$% Milchsäure.
2. 2% Diastase,
   $^1/_{20}$% Ölemulsion,
   $^1/_2$% Milchsäure.
3. $^1/_2$% Kunstseidenpräparat (Koblenz-Wallersheim),
   1% Diastase,
   $^1/_{20}$% Ölemulsion,
   $^1/_2$% Milchsäure.
4. 1% Kunstseidenpräparat,
   $^1/_2$% Diastase,
   $^1/_{20}$% Ölemulsion,
   $^1/_2$% Milchsäure.

(Prozent vom Gewicht der Ware.)

III. Stückausrüstung.

10. Die Behandlung der Kunstseiden in der Stückfärberei.

a) Lagerung, Vorbereitung, Organisation.

Bei der Stückausrüstung spielt die Lagerung des Rohmaterials eine ungleich größere Rolle als bei der Strangfärberei. Es ist dies dadurch bedingt, daß die Verarbeiter in sehr vielen Fällen ihre fertige Rohware nach dem Verlassen des Stuhles bzw. anderer Verarbeitungsmaschinen bei ihrem Färber einlagern und dort je nach Bedarf für Teile dieses

Lagers Farbaufträge geben. Die meist sehr große Zahl von Stücken und Auftraggebern macht hier Übersichtlichkeit des Lagers zur obersten Bedingung. Was im übrigen für die Anlage des Lagers für Strangware gesagt wurde (vgl. S. 49), gilt hier in noch höherem Maße: Saubere, trockene Räume und möglichst gleichbleibende Temperatur. Die Raumtemperatur muß hier noch besser beachtet werden als bei dem Stranglager, weil in der Stückfärberei meist geschlichtete Waren lagern, die unter Umständen Zersetzungen erleiden können. Die Temperatur von 17—18° C soll nach Möglichkeit nicht überschritten werden. Eisenregale sind gut im Anstrich zu halten. Bei Anwesenheit fettsäurehaltiger Schlichten (besonders bei Stearinsäure) sind sonst Rostflecken unvermeidlich. Bei Leinölschlichten empfiehlt es sich, vom Auftraggeber die Erlaubnis einzuholen, die Stücke sofort entschlichten zu dürfen und sie in entschlichtetem Zustand zu lagern. Man hat so die Gefahr der Faserschädigungen bzw. bunter Färbungen weitgehend ausgeschaltet. Die Mehrkosten machen sich für beide Teile durch Ersparnis unangenehmer Reklamationen bezahlt.

Die große Zahl von Stücken und Auftraggebern macht eine besonders gute Organisation erforderlich, die es gestattet, jederzeit an jeder in Frage kommenden Stelle des Betriebes einzelne Stücke sofort aufzufinden. Wir geben daher im folgenden einige Richtlinien; die Organisation eines zweckmäßig geleiteten Färbereibetriebes im einzelnen zu schildern, müssen wir einer berufeneren Feder überlassen. Die Erledigung eines Stückauftrages regelt sich etwa wie folgt: Die auf den Lieferscheinen der Auftraggeber befindliche Nummer wird mit der Partienummer der Färberei den Stücken eingekurbelt oder auf die Stücke geschrieben. Hierzu hat sich der sog. Elzitstift (Loewe, Zittau) sehr gut bewährt. Ferner eignen sich zu diesem Zweck Pigmentfarben nach dem Serikoseverfahren aufgedruckt (I. G. Farbenindustrie). Die Partienummer wird ebenfalls auf dem Lieferschein vermerkt. Für jeden Auftrag wird ein Partiezettel ausgestellt, der die vom Lieferanten gegebene sowie die Partienummer der Färberei trägt. Von den Partiezetteln fertigt man mehrere Durchschriften an, die zweckmäßigerweise verschieden gefärbt sind. Die Partiezettel enthalten für jede in der Färberei vorhandene Abteilung eine Spalte, also z. B. „Vorbereitung", „Abkocherei", „Färberei", „Appretur", „Spezialbehandlung" und „Bemerkungen". Die Anwendung der Nummern erübrigt gleichzeitig die Angabe des Auftraggebers auf den Partiezetteln. Auf diese Weise erfährt der Arbeiter nicht, für wen gefärbt wird. Das Original (weiß) wird bei der Abteilung abgelegt, die die Anfragen der Kundschaft bearbeitet. Die Durchschläge gelangen nun mit der Partie in die erste Abteilung des Betriebes. Der betreffende Betriebsleiter vermerkt in der für seine Abteilung bestimmten Spalte die einzuhaltende Behandlungsvorschrift. Zugleich wird die Vorkalkulation (Chemikalienverbrauch usw.) notiert. Die hier verzeichneten

Chemikalienmengen sind nun vom Arbeiter gegen Bons dem Lager zu entnehmen. Nach erfolgter Behandlung wird die benötigte Arbeitszeit auf dem Zettel notiert. Wird jetzt die Partie an die folgende Abteilung zur weiteren Behandlung übergeben, so heftet der Betriebsleiter der ersten Abteilung ein Exemplar des Laufzettels mit seinen Bemerkungen bei sich ab, während der Betriebsleiter der folgenden Abteilung den nächsten Durchschlag in der für ihn bestimmten Spalte ausfüllt und ihn nach erfolgter Behandlung der Partie bei sich abheftet. So behält also jede Abteilung des Betriebes ein Exemplar des Partiezettels. Ein weiterer Durchschlag (meistens gelb) begleitet die Partie auf allen Wegen durch alle Abteilungen. Er gelangt an die Ausgangsstelle zurück, sobald sich die Partie in der Versandabteilung befindet und nachdem diese den Versandvermerk darauf vollzogen hat. Das weiße Original gelangt nun mit dem Laufzettel in die Rechnungsabteilung. Auf Grund der in den einzelnen Abteilungen abgehefteten Zettel läßt sich jeden Abend der Stand einer jeden Partie auf dem weißen Originalzettel eintragen, so daß bei telephonischen Anfragen der Kundschaft diese prompt über den Stand der Fertigstellung ihrer Stücke unterrichtet werden kann.

Alle Stücke einer Partie sind auf diesen Zetteln einzeln aufzuführen, damit man vorgekommene Fehler, Beschädigungen, Einrisse usw. einzeln vermerken kann, was für spätere evtl. Beanstandungen von großem Wert ist. Hierzu ist ferner zu bemerken, daß alle Fehler und Beschädigungen durch Einnähen von Merkfäden an den Kanten der Stücke zu kennzeichnen sind.

Die zu färbende Ware kann nun stückweise oder webenweise zu den Behandlungs- und Farbpartien zusammengestellt werden. Unter „Stück" versteht man das verkaufsfähige Stück, unter „Webe" mehrere Verkaufsstücke ohne Naht, so wie sie vom Stuhl kommen.

b) Die Einrichtungen der Stückfärberei.

Wie im 6. Kapitel, Strangfärberei, wollen wir auch hier ein Kunstseidenstück auf seinem Wege durch die Stückfärberei verfolgen und bei dieser Gelegenheit die erforderlichen Maschinen und Einrichtungen kennenlernen. Spezialbehandlungen und Spezialmaschinen werden in diesem Kapitel nicht berührt. Wir halten es im Interesse der Übersichtlichkeit für richtiger, diese bei den betreffenden Stoffqualitäten zu erwähnen.

Die erste Behandlung eines Stückes ist das Aufrollen, damit es in einen für die weiteren Behandlungen geeigneten Zustand kommt. Das Aufrollen geschieht auf einem Aufrollstuhl (Abb. 63). Die Wirkungsweise ist auf der Abbildung deutlich zu erkennen. Es ist beim Aufrollen peinlich darauf zu achten, daß die Kanten genau aufeinanderliegen, da es sonst später ständig Schwierigkeiten gibt.

Enthält das Stück Baumwolle, so muß es gesengt werden, damit die vorstehenden feinen Baumwollhärchen entfernt werden, die sonst der

Abb. 63. Aufrollstuhl (Leo Sistig, Krefeld).

Fertigware ein unsauberes Aussehen verleihen. Wird dieser Prozeß umgangen, so zeigt das Stück oft wolkige Färbung, die jedoch bei

Abb. 64. 4flammige Sengmaschine (Leo Sistig, Krefeld).

genauerer Untersuchung nur dadurch hervorgerufen ist, daß feine Baumwollhärchen die glatte Oberfläche des Gewebes stören, das an diesen Stellen dann meist heller erscheint („Düvet“). Oft ist es empfehlenswert, das Sengen zwischen Abkochen und Färben vorzunehmen. Abb. 64 zeigt eine Sengmaschine. Bei der Senge ist auf richtige Einstellung der Gasflammen zu achten, damit die Gewebe nicht beschädigt werden. Der Brenner der Sengmaschine besitzt verschiedene Einstellmöglichkeiten, um Flachsengung und Tiefensengung zu erzeugen. Flachsengung ist dann angebracht, wenn nur ein leichtes Abflämmen des Gewebes erfolgen soll, Tiefensengung, wenn Kette und Schuß im Gewebe absolut klar hervortreten sollen, d. h., wenn der wollige Schuß oder die wollige Kette keine Fäserchen auf der rechten Warenseite mehr aufweisen dürfen. Die Maschine ist mit Vor- und Rücklauf eingerichtet, da zuweilen mehrmaliges Sengen erforderlich ist.

Abb. 65. Handhaspel (Emil Müller sen., Barmen).

An das Sengen schließt sich das Abkochen an. Je nach der Stoffart geschieht das auf der Haspelkufe, im Jigger, mit Handhaspel, in Buchform getafelt oder im Kontinueverfahren. Dieselben Maschinen dienen auch für das Färben und die anderen Naßbehandlungen. Teilweise ist bei Geweben ein Einweichen erforderlich, wozu ein Einweichbottich verwendet wird.

Abb. 66. Haspelkufe (Riemenantrieb) (Emil Müller sen., Barmen).

Grundsätzlich ist für Kunstseide zu betonen, daß alle Maschinen eine spannungsfreie Verarbeitung gewährleisten sollen; d. h. also, alle Maschinenteile, die durch die darüberlaufenden kunstseidenen Stücke angetrieben werden (Jiggerwalzen, Leitwalzen u. ä.), müssen besonders leicht drehbar sein, damit die Kunstseide selbst keine große Kraft auszuüben braucht (Kugel- oder Rollenlager). Dieses würde zu Überstreckungen im Gewebe führen, besonders, da die Kunstseide in nassem Zustand gegenüber Zugbeanspruchungen sehr empfindlich ist. In der Hauptsache gilt dies natürlich für Jiggerwalzen (s. weiter unten). Ferner ist auch in der Stückfärberei glattes Barkenmaterial Bedingung (vgl. S. 50).

Die einfachste Naßbehandlung in der Stückfärberei ist das Arbeiten auf Handhaspeln. Dieses sind einfache, aus Holz gebaute Haspel (Abb. 65), die von Hand mit Hilfe einer Kurbel gedreht werden können und von einer

Barke zur anderen leer oder mit auf ihnen aufgerollten Stücken transportabel sind. Den richtigen Warenlauf korrigiert man während des Haspelns durch hölzerne Färbestöcke.

Abb. 67. Haspelkufe (Einzelantrieb) (Emil Müller sen., Barmen).

Eine Haspelkufe zeigt Abb. 66—68. Hier sind zahlreiche Konstruktionen in Gebrauch. Am besten sind auch hier Porzellangefäße. In neuerer

Abb. 68. Haspelkufe mit Porzellankacheln (Gerber, Krefeld).

Zeit werden Tongefäße empfohlen (Pyriton der Deutschen Ton- und Steinzeugwerke A. G.). Diese glattwandigen Porzellan- und Tongefäße haben neben der Verhütung des Aufscheuerns der Stücke den großen Vorteil, daß sie durch einfaches Ausspülen gereinigt werden können, wodurch verschiedene Bäder in schneller Folge nacheinander auf demselben Apparat angewandt werden können. Für manche Stoffbehandlungen hat sich auch das Färben in Buchform bewährt (Näheres s. S. 124). Hierbei werden die Stücke in breitem Zustand lagenweise getafelt und

Abb. 69. Automatenjigger (Gerber, Krefeld).

über Stäben in der Flotte bewegt. Während auf Handhaspel und Haspelkufe die Ware in Form eines endlosen Schlauches bearbeitet wird, bezweckt der Jigger (Abb. 69) ihre Bearbeitung in breitem Zustand. Die Beschaffenheit der kunstseidenen Ketten macht es hier, wie schon

Abb. 70. Sternrahmen (Leo Sistig, Krefeld).

erwähnt, erforderlich, daß die Walzen außerordentlich leicht laufen. Sehr zweckmäßig ist die Konstruktion von Benniger, bei der nicht nur die abziehende Rolle angetrieben wird, sondern auch die Lieferwalze. Nach erfolgter Passage stellt sich die Drehrichtung automatisch um (Automatenjigger). Der Jigger hat vor dem Arbeiten auf dem Haspel

Abb. 71. Hängestern (Leo Sistig, Krefeld).

Abb. 72. Liegestern (Halbsternkufe) (Leo Sistig, Krefeld).

vor allen Dingen den Vorzug, daß Falten unter allen Umständen bei sachgemäßem Arbeiten ausgeschlossen sind, ferner bei glatten Satins die

Vermeidung von Scheuerstellen, sog. „Blanchissüren“ oder „Cassüren“. Gewebe, bei denen sich mehrere Lagen bei der Naßbehandlung nicht berühren dürfen, z. B. Samte und andere sehr empfindliche Artikel,

Abb. 73. Absaugemaschine (Leo Sistig, Krefeld).

färbt man auf dem Sternrahmen (Abb. 70). Dieser kann entweder stehend durch maschinelles Heben und Senken im Bade bewegt werden

Abb. 74. Breitschleudermaschine (C. Haubold, Chemnitz).

(Abb. 71) oder liegend durch Drehen (Halbsternkufe, Abb. 72). Selbstverständlich darf man bei der Verwendung der Sterne die Stücke nicht unmittelbar an den Häkchen der Sterne befestigen. Die Bearbeitung auf dem Stern macht daher das Annähen von Kantenbändern erforderlich.

Für die Kontinuebehandlung geben wir ein Beispiel in dem Kapitel Kreppausrüstung (s. S. 126).

Abb. 75. Nähmaschine mit Warenspeicher (H. Krantz Söhne, Aachen).

Nach erfolgter, letzter Naßbehandlung müssen die Stücke von dem überschüssigen Wasser befreit werden. Dies kann in einer Zentrifuge

Abb. 76. Plantrockner (Haas, Lennep (Rhld).

geschehen. Das Arbeiten in der Zentrifuge hat aber bei Stückwaren große Nachteile. Es ist hierbei unvermeidlich, daß sich Quetschfalten bilden, die unter Umständen durch keine Appreturbehandlung mehr restlos zu entfernen sind. Diese Erscheinung tritt besonders leicht bei

Abb. 77. Plantrockner (B. Schilde, Hersfeld).

Abb. 78. Automatischer Hängetrockner (Ernst Gessner, Aue).

Gewirken, z. B. Charmeuse, auf. Daher ist das Arbeiten mit Absaugemaschinen dringend anzuraten (Abb. 73). In einigen Fällen hat sich auch die Breitschleudermaschine bewährt (Abb. 74).

Vor der Trocknung empfiehlt es sich, mehrere Stücke zusammenzunähen, um sie ohne Aufenthalt hintereinander durch die Trockenapparate zu schicken. Hierzu kann die in Abb. 75 dargestellte Nähmaschine mit Warenspeicher gut verwendet werden.

Abb. 79. Saugtrockner (C. H. Weisbach, Chemnitz).

Die Trocknung von Stückware erfolgt im Plan- oder Hängetrockner (Abb. 76—78). Auch Trockenapparate, die durch Absaugen wirken, sind in Gebrauch (Abb. 79). Die Trockentemperatur soll nach Möglichkeit nicht über 65° C steigen, da höhere Temperaturen die Ware hart machen.

An das Trocknen schließt sich die Appreturbehandlung an, nachdem man die Ware über den Schautisch (Abb. 80) genommen hat, um ihre Fehlerfreiheit festzustellen. Die Appreturbehandlung ist je nach der Stoffart sehr verschieden. Die einfachste Behandlung ist das Dekatieren,

Abb. 80. Warenschaumaschine (Leo Sistig, Krefeld).

d. h. ein Spannen unter Trocknung und anschließendem Dämpfen zwischen Filztüchern (Abb. 81). Die Appreturbehandlung kann ferner auf einem Spannrahmen vorgenommen werden. Das Trocknen kann hier entweder durch Heißluft erfolgen, wobei der Spannrahmen die Stücke durch eine Kammer führt, oder über offene Gasflammen. Hier

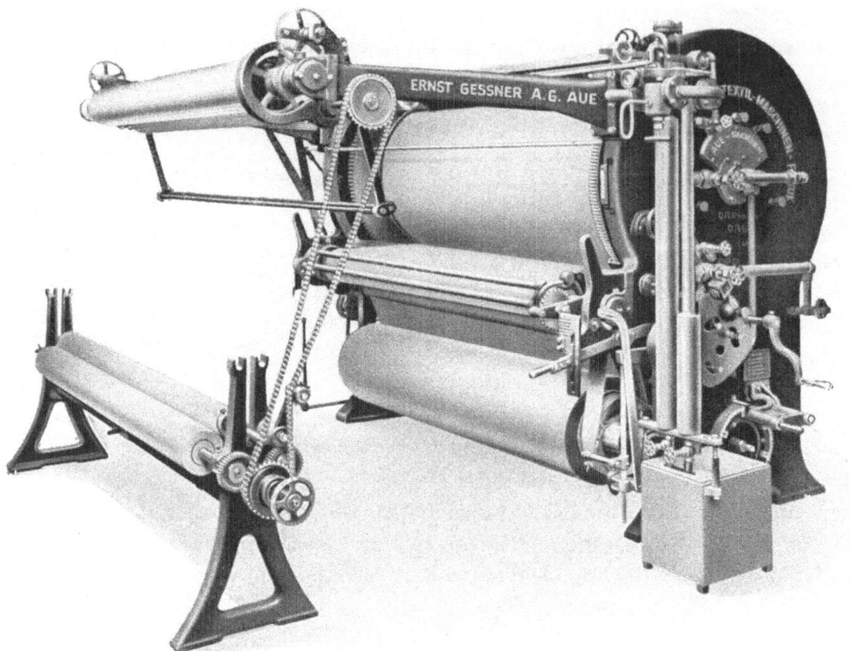

Abb. 81. Dekatiermaschine (Ernst Gessner, Aue).

Abb. 82. Spannrahmen mit Nachtrockenzylinder (C. H. Weisbach, Chemnitz).

Abb. 83. Spannrahmen mit Krumpfmöglichkeit für die Gewebe (H. Krantz Söhne, Aachen).

ist Vorsicht am Platze, da die Gewebe bei dieser Behandlung leicht hart werden. Eine Schwierigkeit bilden bei allen Spannrahmen die Halte-

Abb. 84. Spritzappreturmaschine (Leo Sistig, Krefeld).

vorrichtungen an den Kanten. Diese müssen so beschaffen sein, daß sie die Gewebe nicht schädigen und daß sie vor allen Dingen nicht

Abb. 85. Riegelappreturmaschine (Leo Sistig, Krefeld).

einzelne Schußfadengruppen stärker spannen als die danebenliegenden, was zu Schußstreifen in der Ware führt. Als Haltevorrichtungen werden

Nadeln, in die man die Gewebe mittels weicher Bürsten hineindrückt, oder Kluppen verwendet. Sehr zweckmäßig sind die automatischen, mit Saugluft arbeitenden Einführungsapparate. Abb. 82 zeigt einen

Abb. 86. Appreturquetsche (Leo Sistig, Krefeld).

normalen Spannrahmen. Besondere Beachtung verdient der in Abb. 83 dargestellte Spannrahmen. Dieser gestattet, den Stücken in Längs- und Querrichtung einen beliebig einstellbaren Einsprung zu geben. Man kann auf diese Weise das unangenehme Krumpfen der Fertigware verhüten.

Abb. 87. Appreturquetsche mit schräg gelagerten Walzen (Gebr. Briem, Krefeld).

Muß man dem Gewebe in der Appretur Füllstoffe einverleiben, so bedient man sich wieder verschiedener Appreturmaschinen. Wir haben hier einseitige und beiderseitige Appretur zu unterscheiden. Eine leichte, einseitige Appretur ist die Spritzappretur (Abb. 84). Hier werden die Appreturmassen auf die Rückseite des Gewebes aufgesprüht. Muß die Appretur kräftiger sein, so verwendet man die Riegelappreturmaschine (Abb. 85), bei der die Stückware unmittelbar von einer Seite mit der Appreturmasse in Berührung kommt. Die Appreturmasse muß in diesem Falle eine

Abb. 88. Appretur-Brechmaschine (C. H. Weisbach, Chemnitz).

derartig zähe Konsistenz haben, daß sie nicht im Augenblick der Berührung mit der Ware durch diese hindurchdringt („durchschlägt"). Für die beiderseitige Appretur verwendet man die Appreturquetsche

Abb. 89. Muldenpresse (H. Krantz Söhne, Aachen).

(Abb. 86 und 87). Hier hat man die Möglichkeit, die Ware entweder direkt durch den Trog durchlaufen zu lassen oder die Appreturmasse erst durch eine Walze auf die Gewebe zu übertragen. Die Aufnahme der Masse durch die Ware regelt sich bei Weichgummiwalzen durch

Einstellung des Druckes der Walzen, sowie durch Anwendung verschiedener Bombagen bei Maschinen mit Hartwalzen. Nach der Trocknung

Abb. 90. Dreiwalziger Kalander (Kleinewefers Söhne, Krefeld).

muß die Ware oft durch eine Brechmaschine (Abb. 88) geführt werden, wodurch ihr die durch die Appretur erhaltene Starre genommen wird.

Abb. 91. Universalkalander (Kleinewefers Söhne, Krefeld).

Vielfach empfiehlt sich die Anwendung der Muldenpresse (Abb. 89). Sie wird dort bevorzugt, wo es sich darum handelt, die Gewebe möglichst plastisch in ihren Musterungen zu erhalten, wie B. z. bei Damassés.

Abb. 92. Spanpresse (Gerber, Krefeld).

Abb. 93. Einspänmaschine (Roßweiner Maschinenfabrik A.G.).

Abb. 94. Maschine zum Aufblocken von Ware (Roßweiner Maschinenfabrik A.G.).

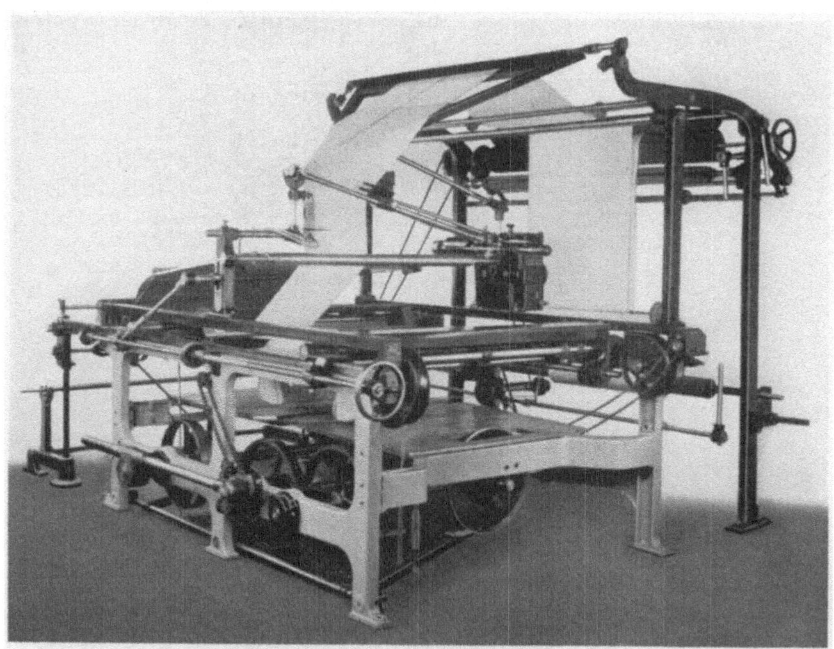

Abb. 95. Doublier- und Legemaschine (Roßweiner Maschinenfabrik A.G.).

Den letzten Finish verleiht man der Ware meist durch Kalandern. Auch hier sind zahlreiche Konstruktionen im Handel, von denen wir in den Abb. 90 und 91 zwei Typen zeigen. An Stelle des Kalanders wendet man bei einigen Artikeln auch die Spanpresse (Abb. 92), praktisch mit elektrischer Heizung, an. Zum Einspänen dient die in Abb. 93 dargestellte Einspänmaschine.

Die fertige Ware wird jetzt entweder auf Papprollen oder Brettchen aufgerollt oder auf der Doublier- und Legemaschine in versandfähige Form gebracht (Abb. 94 und 95).

11. Allgemeine Naßbehandlungsmethoden.

Im folgenden soll die allen Stückarten gemeinsame Behandlung kurz geschildert werden.

A. Einweichen.

Um besonders gute Effekte in bezug auf Volumen und Weichheit im Gewebe zu erzielen, empfiehlt es sich, wenn der Preis des Gewebes es verträgt, ein Einweichbad von folgender Zusammensetzung zu geben:

7,5 g Diastase,
1,5 g Essig- oder Ameisensäure,
25,0 g Türkischrotöl pro Liter.

In dieses so gestellte Bad läßt man die trockene Ware einlaufen bei 45° C, erhöht dann die Temperatur während $^1/_4$ Stunde auf 65° C, steckt ein und läßt bis zum nächsten Morgen darin stehen, nachdem vorher für ein gutes Durchnetzen Sorge getragen war. Am nächsten Morgen spült man gut warm, dann kalt und beginnt den eigentlichen Abkochprozeß. Das Bad kann mehrmals gebraucht werden, indem man die aus dem Bade entnommene Wassermenge ersetzt und entsprechend auffrischt. Bei schlecht zu entfernenden Leinölschlichten ist, wenn keine Laugenbehandlungen folgen, dieses Bad auch zu empfehlen. Die Entfernung der Präparationen und Schlichten ist bedeutend schwieriger als man allgemein anzunehmen geneigt ist. Die für diesen Zweck empfohlenen Mittel wirken sich erheblich günstiger aus, wenn die Waren die obige Vorbehandlung erfahren haben. Sie sollte daher nach Möglichkeit immer angewandt werden, mit Ausnahme jedoch bei Eiweißschlichten, da diese durch das saure Bad koagulieren würden und dadurch schwerer entfernbar werden.

B. Abkochen und Entschlichten.

Grundlage für einwandfreie Färbung ist sorgfältiges Entschlichten und damit restloses Aufschließen der Gewebefasern. Die Art der Entschlichtung hängt natürlich von der Art der Schlichte ab, mit der die Ware behaftet ist. Dieser Umstand macht es erforderlich, daß der Färber zunächst die Art der Schlichte feststellt. Es können entweder Leinöl, oder Leim, Gelatine und andere Eiweißstoffe, ferner Pflanzenschleime, Stärke sowie Paraffin, Stearin oder Wachs vorliegen. Durch relativ einfache

Reaktionen an kleinen Gewebeabschnitten ist die Art der Schlichte zu identifizieren. Leinölschlichte gibt sich im allgemeinen durch Braunfärbung mit wässeriger oder alkoholischer (bei Azetatseide) Schwefelnatriumlösung zu erkennen. Diese Reaktion beruht auf der Sulfidbildung mit den als Katalysatoren im Leinöl enthaltenen Schwermetallen Blei, Mangan oder Kobalt. Nun kann es aber vorkommen, daß das Leinöl metallfrei war, wodurch diese Reaktion dann versagt. Wir empfehlen daher folgende Prüfung: Ein Fädchen der Kette des Gewebes wird unter das Mikroskop gebracht und mit einem Tropfen Schwefelsäure (70%) versetzt. Hierdurch wird die Zellulosefaser vollständig verzuckert und aufgelöst. Aus den Längsspalten der Kapillarfädchen tritt jetzt das Leinöl in Form von ganz charakteristischen Schlangen heraus, die

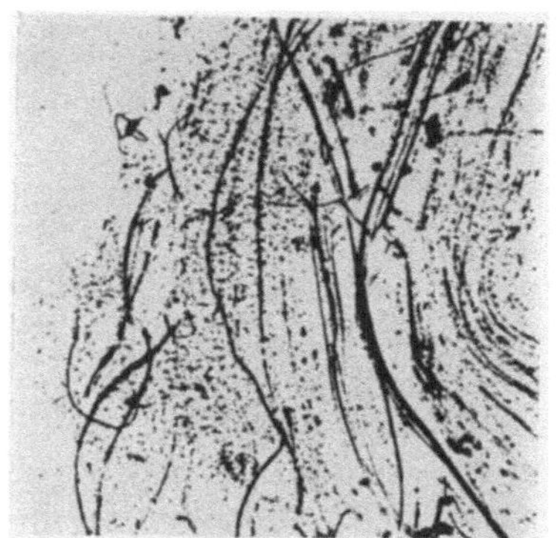

Abb. 96. Leinölschlangen unter dem Mikroskop.

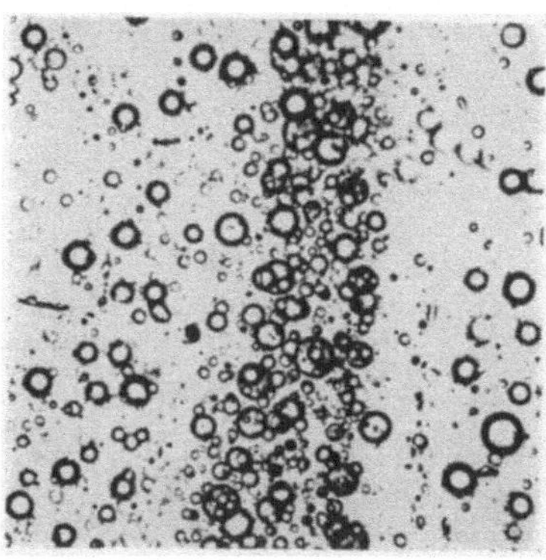

Abb. 97. Fett-Tröpfchen unter dem Mikroskop.

sich auch beim Erwärmen des Objektträgers über kleiner Flamme nicht verändern (Abb. 96), während andere Fettkörper sich hierbei zu Tröpfchen vereinigen (Abb. 97). Auch Harzschlichten liefern diese Schlangen. Diese schmelzen aber beim Erwärmen. Sind bei dieser Reaktion Tröpfchen entstanden, so extrahiert man eine kleine Gewebeprobe mit Äther oder Petroläther, dampft das Lösungsmittel ab und prüft den Rückstand durch Kochen mit einer kleinen Menge alkoholischer Kalilauge auf Verseifbarkeit, die sich durch Auflösen unter starkem Schäumen beim Schütteln mit destilliertem Wasser zu erkennen gibt. Liegt kein verseifbares Fett vor, so kann man Paraffin oder Erdwachse als anwesend annehmen. Bei einiger Übung kann man diese Reaktionen auch auf dem Objektträger ausführen. Stärkeschlichte gibt sich durch Blaufärbung mit Jodkaliumlösung zu erkennen. Wenn die bis hierhin genannten Reaktionen negativ verlaufen sind, so muß man Leim, Gelatine, Eiweiß oder Pflanzenschleime als auf der Faser vorhanden annehmen. Eine weitere Analyse erübrigt sich, da ihre Entfernbarkeit nicht voneinander abweicht.

Wir werden nun im folgenden die einzelnen Entschlichtungsverfahren besprechen.

a) Viskose-, Kupfer- und Nitroseiden.

Leinöl- und Harzschlichten. Man behandelt die Stücke in einem Bade, das 0,5 g Soda calc., 5 g Seife und 2 g Perborat im Liter enthält. Vorteilhaft ist es, an Stelle der halben Seifenmenge Verapol, Cycloran, Laventin, Spezialseife C, Lanaclarin oder entsprechende Fettlöser zu verwenden. Ein gutes Entschlichtungsbad für Mischgewebe mit Baumwolle ist das folgende:

4 g Ätznatron,
1 g Igepon T,
3—5 g Seife,
3 g Cycloran,
1 g Perborat im Liter.

Die Temperatur des Bades beträgt 70—80° C und wird langsam bis zum Kochen gesteigert. Ein sofortiges Eingehen in das kochend heiße Bad ist insofern zu verwerfen, als die Schlichte dann leicht in die Ware „einbrennt" und dadurch schwerer löslich wird. Bei besonders lang gelagerten Waren empfiehlt sich vor der Entschlichtung ein mehrstündiges Einweichen in einem der oben angegebenen Bäder. Bei Mischgeweben mit echter Seide ersetzt man die Soda durch 1—2 ccm Ammoniak pro Liter. Dasselbe gilt für Mischgewebe mit Wolle. Im letzteren Falle ist die Zugabe von etwas Natriumperborat erforderlich, um eine Bräunung der Wolle (hervorgerufen durch die Bildung von Metallsulfiden aus dem Katalysator des Leinöls und dem Schwefelgehalt der Wolle) zu vermeiden.

Stärkeschlichten entfernt man durch Aufschließen der Stärke mit Malzpräparaten. Aufschluß durch Säuren ist zur Verhütung von Faserschädigungen bei Kunstseide zu verwerfen. Man arbeitet mit etwa $^1/_4$—$^1/_2$ kg Diastasepräparaten in 100 Liter Wasser bei höchstens 60° C. Geringer Zusatz von Essig- oder Ameisensäure ist erforderlich, da die Schlichten häufig alkalisch reagieren und alkalische Reaktion die Wirkung der Diastase aufhebt. Mit Pankreaspräparaten (Degomma) arbeitet man dagegen in neutralem Bade. Die Temperatur von 60° darf bei Verwendung von Diastasepräparaten nicht überschritten werden, da bei höheren Temperaturen die Diastase wirkungslos wird. Für Kontinueentschlichtung wendet man am besten Biolase in heißen bis kochenden Bädern an. Ist das S. 107 erwähnte Einweichbad angewendet worden, kann bei Stärkeschlichten von einem besonderen Abkochbade abgesehen werden. Will man die Verwendung von Diastase umgehen, so kann man in Seifenbädern unter Zusatz von Aktivin oder Perborat abkochen.

Leim- und Gelatineschlichten entfernt man durch längeres Quellenlassen in einem Bade, das 1—2 g Seife im Liter enthält. Wenn nötig, wird in einem frischen Bade abgekocht.

Eiweißschlichten sind im allgemeinen leicht zu entfernen. Hier kommt man in den meisten Fällen mit einem Bade von etwas Soda und 1—2 g Seife im Liter aus. Man geht bei etwa 50° C ein und steigert die Temperatur allmählich bis zum Kochen.

Paraffin-, Wachs- und Stearinschlichten entfernt man durch etwa $^3/_4$stündiges Kochen mit 2—3 g Marseiller Seife, 3 ccm Terpentin und 1—2 g Nekal AEM sowie Igepon T, Melioran F 6, Gardinol WA konz. usw.

Bei den zuletzt genannten Schlichtearten gibt man stets als Hilfsmittel einen guten Emulgator zu, damit die abgezogene Schlichte in feiner Verteilung gehalten wird und sich nicht wieder auf der Faser niederschlägt, also auswaschbar bleibt. Scheidet sich bei sehr hohem Schlichtegehalt trotzdem eine Schicht auf der Badoberfläche ab, so schöpft man sie ab, oder entfernt sie evtl. durch Überkochenlassen des Bottichs, wo dieses angebracht ist.

b) Azetatseiden.

Ist in den Stücken Azetatseide enthalten, so darf die Badtemperatur in keinem Falle 75° C übersteigen. Auch sei man vorsichtig mit alkalischen Zusätzen, es ist hier nur Ammoniak in geringen Mengen zu verwenden. Bei Leinölschlichten arbeitet man am besten mit 5—8 g Marseiller Seife, Verapolseife und 2 g Perborat. Man geht bei 40° C ein, behandelt einige Zeit bei dieser Temperatur und treibt auf 65—70° C. Nach 1—2 Stunden ist die Entschlichtung beendet. Bei Stärkeschlichte entschlichtet man mit 0,1—0,2% Viveral E konz. vom Gewicht der Ware, 3 Stunden bei 40—50° C. Bei den anderen Schlichten behandelt man die Gewebe mit 5 g Marseiller Seife, 2—3 ccm Laventin BL oder HW und 5 ccm Terpentinöl. Temperatur und Dauer wie oben.

C. Bleichen.

Hier haben wir Gewebe aus reiner Kunstseide sowie Mischgewebe zu unterscheiden.

a) Viskose-, Kupfer- und Nitroseide allein oder in Verbindung mit Baumwolle.

Für eine leichte Bleiche genügt nach dem Abkochen ein Chlorbad von $^1/_2$—1° Bé bei 15—17° C. Zusatz von Flerhenol M Superior ist anzuraten. Die Bleichdauer richtet sich nach dem erzielten Bleicheffekt. Nach dem Chloren wird gespült, mit Salzsäure oder Ameisensäure abgesäuert und gespült. Kommt Bleiche zu rein Weiß in Frage, geht man nach dem Absäuern ohne zu Spülen noch einmal auf das (evtl. frische) Chlorbad zurück. Empfehlenswert ist für rein Weiß auch eine kombinierte

Chlor-Superoxydbleiche, und zwar besonders dann, wenn es sich um Mischgewebe mit Baumwolle handelt. Man geht zunächst wie oben auf ein Chlorbad, behandelt auf diesem 1—3 Stunden, spült sorgfältig und säuert mit 2—3 g Salzsäure pro Liter kalt gut ab. Darauf wird gut gespült und auf ein Seifenbad gestellt, das 1—5 g Wasserglas und 4—5 g Wasserstoffsuperoxyd 30%ig im Liter enthält. In diesem Bade behandelt man etwa 1 Stunde bei 60° C.

Für Weißfärbung gibt man zum Abkochen ein Bad von 2 g Natronlauge und 3 g Hydrosulfit im Liter, behandelt 1 Stunde kochend, spült heiß und kalt, säuert mit 2 g Salzsäure bei Gegenwart von 1 g Kleesalz ab, spült wieder warm und kalt und geht auf ein 15° C warmes Chlorbad von $^1/_2$—1° Bé und 1—2 g Avirol AH im Liter. Man läßt auf diesem Bade 1 Stunde laufen, spült kalt, säuert mit Salzsäure kalt ab und geht auf das Chlorbad zurück. Nach einer weiteren Stunde spült man und säuert wieder ab. Nach nochmaligem Spülen stellt man auf ein kaltes Bad mit 2 g Ammoniak und 1 g Hydrosulfit. Danach wird wieder gut gespült, mit Essigsäure abgesäuert und aviviert. Dem Avivierbade gibt man je nach dem gewünschten Weißeffekt Alizarinirisol u. a. zu.

Bei Kupferseide kann man, falls erforderlich, vor den Bleichbädern ein Oxalsäurebad (s. S. 73) geben.

b) Viskose-, Kupfer- und Nitroseide in Verbindung mit Wolle oder Naturseide.

Bei Anwesenheit von Wolle und Naturseide dürfen keine Chlorbäder verwendet werden. Hier arbeitet man wie folgt: Nach dem Entschlichten legt man die Stücke mehrere Stunden oder über Nacht in eine Lösung, die 8—10 ccm Wasserstoffsuperoxyd 30%ig im Liter enthält. Das Bad wird mit Natriumphosphat eben schwach alkalisch gemacht. Man geht bei 55° C ein, arbeitet etwa zwei Stunden durch und kann dann einlegen, wobei man das Bad erkalten läßt. Nach diesem Bade erfolgt eine Nachbehandlung bei 40° C mit 3 g Blankit I im Liter während 2—3 Stunden. Es wird kalt und warm gespült. Bei Anwesenheit von leinölgeschlichteter Kunstseide empfiehlt sich vor dem Eingehen in das Wasserstoffsuperoxydbad eine heiße Oxalsäurebehandlung mit anschließendem Blankitbad. Auf diese Weise entfernt man die metallischen Oxydationsbeschleuniger des Leinöls und wirkt eventuellen Faserschädigungen entgegen.

c) Azetatseide.

Azetatseide bleicht man allein oder in Gegenwart von Viskosekunstseide oder Baumwolle mit 1—1,5 g aktivem Chlor im Liter, 30—40 Min. bei 20—25° C. Darauf wird mit kaltem Wasser gespült und mit 2 ccm Salzsäure 20° Bé pro Liter kalt abgesäuert. Man spült gründlich. An

Stelle der Salzsäure kann man als Antichlor auch Blankit I verwenden. Man spült dann nach dem Chlorbade mit Wasser und gibt bei 50—80° C ein Bad, das 1—2 g Blankit I im Liter enthält. In diesem Bade behandelt man etwa 20 Min. Im Anschluß daran wird wieder kalt gespült, und, wenn keine weitere Behandlung erfolgt, geseift.

Zu empfehlen ist in diesem Falle auch folgendes Bleichverfahren: Nach dem Vorreinigungsbade geht man in ein Chlorbad, das 1 g aktives Chlor im Liter und 1 g Nekal BX trocken enthält. Man bleicht 1 bis 2 Stunden bei gewöhnlicher Temperatur. Dann wird gespült und mit 1—2 ccm Salzsäure pro Liter abgesäuert. Hierauf wird die Säure wieder gründlich ausgewaschen.

In Gegenwart von Naturseide oder Wolle kann man wie S. 111 beschrieben arbeiten. Ferner ist folgendes Verfahren möglich: Das kalte Bleichbad wird mit 0,1—0,4 g Kaliumpermanganat und 1 g Magnesiumsulfat krist. im Liter bestellt. Man behandelt in diesem Bade 1 Stunde, wobei sich das Material braun färbt. Man nimmt das Gewebe heraus, läßt abtropfen und geht in ein kaltes Bad, das 2—4 g Natriumbisulfit und 2,5—5 ccm Ameisensäure (85%ig) im Liter enthält. In diesem Bade behandelt man $1^1/_2$—2 Stunden. An Stelle von Bisulfit und Ameisensäure kann man auch schweflige Säure verwenden. Nach gründlichem Spülen wird, wenn nötig, mit Echtsäureviolett ARR, Alizarindirektblau B oder Patentblau A gebläut.

D. Entbasten von Naturseide in Gegenwart von Azetatseide.

Die bei Naturseide üblichen Entbastungsbäder können bei Anwesenheit von Azetatseide nicht angewandt werden, da durch die Alkalität und Temperatur eine Verseifung der Azetatseide erfolgen würde. Es kann folgende Arbeitsweise empfohlen werden:

Das Gewebe wird 1 Stunde bei 80—85° C in einem Bade behandelt, das 10—20 g Marseiller Seife, 1 g Natriumperborat und 2 ccm Laventin KB im Liter enthält. Man läßt über Nacht in dem erkaltenden Bade stehen, spült warm und behandelt in einem frischen Bade gleicher Zusammensetzung nochmals 1 Stunde bei 80—85° C. Darauf wird warm und kalt gespült.

E. Färben.

Wir verweisen hier unter anderem auf die Broschüren „Die Behandlung der Glanzstoff- und Enkakunstseiden in Bleicherei und Färberei“[1] sowie „Verarbeitung und Ausrüstung von Agfakunstseiden“[2]. Im übrigen

[1] Herausgegeben von der Vereinigte Glanzstoff-Fabriken A.G., Wuppertal-Elberfeld.

[2] Herausgegeben von der I. G. Farbenindustrie Aktiengesellschaft, Frankfurt a. M.

können wir uns hier, was das Färben von rein kunstseidenen Waren anbetrifft, kurz fassen. Es gilt über die Anwendung der Farbstoffe dasselbe, was bereits im Kapitel Strangfärberei (S. 57) gesagt wurde. Der größte Teil aller Webwaren wird substantiv gefärbt, in Sonderfällen wendet man Diazo- oder Parafarbstoffe an und bei höchsten Echtheitsansprüchen Indanthren- oder Naphtholfarbstoffe. Bei starken Egalisierungsschwierigkeiten ist unter Umständen Färben mit ausgesuchten halbsauren Farbstoffen auf Katanolbeize (z. B. Alkaliblau u. ä.) am Platze. Besonders bei Blau ist die Klarheit des Farbtones sowie die Egalisierung bemerkenswert. Zu empfehlen sind ferner die Riganfarbstoffe und Benzoviskosefarbstoffe, auch nur als geringe Zusätze zu gewöhnlichen substantiven Farben. Leider sind die Echtheitseigenschaften dieser Farbstoffe sehr mäßig und die Auswahl ist noch sehr gering. Es ist sehr zweckmäßig, nur solche Farbstoffe zu verwenden, die rein ätzbar sind. In solchen Fällen, in denen streifige Färbungen entstanden sind, können die Gewebe dann oft bedruckt werden, wodurch sich eine Weiterverwendung ohne Wertminderung ermöglichen läßt.

Schwierigkeiten macht bei Mischgeweben mit Baumwolle die seitengleiche Ton-in-Tonfärbung. Man färbt von heiß nach kochend, um zunächst ein gutes Durchfärben zu erzielen. Dann läßt man die Temperatur sinken, da im allgemeinen die Baumwolle aus erkaltendem Bade leichter nachzieht als die Kunstseide. Großer Wert ist auf richtiges Bemessen der Glaubersalzzusätze zu legen. Bei geringen Zusätzen von Salz wird gewöhnlich die Baumwolle besser ziehen, bei hohen Zusätzen die Kunstseide. Bezüglich der Auswahl der Farbstoffe verweisen wir auf die Musterkarten und Broschüren der Farbenfabriken.

Bei Mischgeweben mit Wolle kann man substantiv oder mit Halbwollfarbstoffen im Einbadverfahren mit ausgewählten Farbstoffen färben. Man arbeitet im Seifenbade mit oder ohne Glaubersalz bei 80 bis 90° C. Gegebenenfalls setzt man neutralziehende Säurefarbstoffe nach, um die Wolle zu nuancieren. Man wählt nach Möglichkeit solche Farbstoffe aus, die die Wolle eher etwas heller lassen als die Kunstseide. Andererseits ist aber für das Mustern zu beachten, daß die Kunstseide beim Trocknen heller wird als die Wolle. Im Zweibadverfahren kann man sowohl Unifärbungen als auch Zweifarbeneffekte ausführen. Im ersteren Falle färbt man die Wolle mit Farbstoffen, die die Kunstseide weiß lassen (s. Musterkarten!) vor und deckt die Kunstseide mit Farbstoffen, die nicht auf Wolle ziehen, bei 45—50° C unter Zusatz von 2—3 g Katanol W und 5—20 g Glaubersalz krist. pro Liter nach. Zweifarbeneffekte stellt man so her, daß man die Wolle mit geeigneten sauren Wollfarbstoffen (mit guter Wasserechtheit!) vorfärbt und dann die Kunstseide mit substantiven Farbstoffen, die keine Affinität zur Wolle haben, unter Zusatz von Katanol W nachdeckt.

Über das Färben von Geweben aus reiner Azetatseide ist an dieser Stelle nichts Besonderes zu sagen, wir verweisen auf das Kapitel Strangfärberei (S. 75), ferner auf die Broschüre „Anleitungen zum Behandeln von Aceta und Acetastoffen[1]. Bei Mischgeweben mit Azetatseide können vier verschiedene Aufgaben gestellt sein:

1. Azetatseide weiß, die andere Faser gefärbt;
2. Azetatseide gefärbt, die andere Faser weiß;
3. Azetatseide und die andere Faser uni gefärbt;
4. Azetatseide und die andere Faser in verschiedenen Farben gefärbt.

Zu 1. Bei Baumwolle, Leinen, anderen Kunstseiden genügen für den ersten Effekt geeignete substantive Farbstoffe unter Zusatz von 5 bis 30% Glaubersalz $^1/_2$—1 Stunde bei 75° C gefärbt. Auch geeignete Diazofarbstoffe können angewandt werden. Bei Indanthrenfärbungen empfiehlt sich ein geringer Zusatz von „Reserve für Azetatseide", damit diese nicht mit angefärbt wird. Auch Prästabitöl V wirkt in dieser Beziehung günstig. Bei Wolle färbt man mit geeigneten sauerziehenden substantiven oder sauren Farbstoffen, die keine Affinität zur Azetatseidenfaser besitzen. Ebenso verfährt man bei Naturseide.

Zu 2. Bei Baumwolle und anderen pflanzlichen Fasern sowie anderen Kunstseiden färbt man bei 70—75° C im leicht schäumenden Seifenbade mit geeigneten Celliton- bzw. Cellitonechtfarben. Hierbei tritt eine leichte Tönung der anderen Fasern ein, die beseitigt werden muß. Dies geschieht durch Nachbehandlung mit Schwefelsäure, mit Blankit I oder Chlorsoda, je nach dem verwendeten Farbstoff. Bei Wolle ist ein reines Weißbleiben bisher nicht zu erzielen, ebenso nicht bei Naturseide.

Zu 3. und 4. Man kann einbadig oder zweibadig arbeiten. Im ersteren Falle färbt man bei Baumwolle und anderen pflanzlichen Fasern sowie anderen Kunstseiden mit Celliton- oder Cellitonechtfarbstoffen bei Gegenwart geeigneter substantiver Farbstoffe im Glaubersalzseifenbade bei 75° C. Zweibadig färbt man zuerst die Azetatseide mit Celliton- bzw. Cellitonechtfarbstoffen vor und in frischem Glaubersalzbade bei 40 bis 50° C substantiv die andere Faser nach. Bei Wolle arbeitet man am besten einbadig mit Celliton- bzw. Cellitonechtfarbstoffen und geeigneten sauren Farbstoffen. Dem Färbebade gibt man 10 g Dekol im Liter zu, und färbt zunächst etwa $^3/_4$ Stunden bei 60—75° C mit dem Cellitonfarbstoff allein. Hierauf gibt man den Wollfarbstoff in das Bad, gibt Glaubersalz und Säure zu und färbt in weiteren $^3/_4$ Stunden bei 80 bis 85° C fertig. Im Zweibadverfahren färbt man im Seifenbade bei 60 bis 70° C mit Cellitonfarbstoffen vor. In frischem, saurem Bade deckt man die Wolle bei höchstens 70—75° C nach.

[1] Herausgegeben von der Aceta G. m. b. H. Berlin.

Bezüglich der genauen Rezepturen sowie der für diese Verfahren geeigneten Farbstoffe verweisen wir auf die oben schon angeführte Druckschrift der Aceta G. m. b. H. In dieser Druckschrift finden sich alle Hinweise und Einzelheiten, so daß sich ein Nachdruck hier erübrigt.

F. Avivieren.

Die Avivage richtet sich, wie auch schon bei der Strangfärberei erwähnt, ganz nach dem gewünschten Effekt. Im allgemeinen wird heute bei Webwaren ein weicher, fließender Griff verlangt. Wir verweisen hier auf die S. 78 angeführten Verfahren. Zu empfehlen ist ferner Nachavivage mit 2 g Soromin F oder 0,1—0,2 g Soromin A und 0,2—0,5 ccm Essigsäure 6° Bé. Weiter, bei etwas mehr Fülle, 1 g Marseiller Seife oder Igepon T und 1—2 g Tallosan K im Liter. Um die Ware schwerer zu bekommen, gibt man den Avivierbädern $^1/_2$—1 g Glyzerin pro Liter zu. Wird eine harte Appretur verlangt, so empfiehlt sich 0,5 g Igepon A und 1 g Amylose AN. Durch Zusatz von Perlenleim ist der Griff weiter nach hart zu verschieben. An Stelle des Leimes kann mit gutem Erfolg auch Leicogummi oder Rabic verwendet werden.

Im übrigen verweisen wir auf die Behandlungsbäder bei den einzelnen Stoffqualitäten im 12. Kapitel.

G. Allgemeines über Gewebe aus Kupferseide.

Über die Behandlung von Geweben aus Kupferseide sei an dieser Stelle allgemein noch folgendes gesagt: Grundsätzlich werden alle Gewebe aus Kupferseide, und zwar sowohl flache als auch Kreppgewebe in breitem Zustand einer Behandlung mit Natronlauge unterzogen. Bei Flachgeweben erzielt man durch diese Behandlung eine bessere Schiebefestigkeit, hervorgerufen durch eine etwa 10%ige Schrumpfung in der Querrichtung. Bei Kreppgeweben verursacht man hierdurch gleichzeitig ein Einweichen der Kreppschlichte, was sich auf das anschließende Abkochen günstig auswirkt. Man verwendet Natronlauge von 5° Bé. Das Bad soll möglichst kalt sein, je kälter, desto besser ist der Effekt. Die Behandlungsdauer richtet sich nach dem Einsprung. Im allgemeinen kommt man mit 10—15 Min. aus, die Maximaldauer soll 30 Min. nicht übersteigen. Über die Laugenbehandlung bei Kreppgeweben aus Kupferseide siehe S. 127.

Von ausschlaggebender Bedeutung ist, daß sich das Gewebe im ersten Stadium seiner Naßbehandlung in b r e i t e m Zustand befindet. Bei Mischgeweben ist dies nicht immer unbedingt erforderlich. Diese Vorsichtsmaßregel verhindert die Bildung unangenehmer Schlauchfalten, die bei Mischgeweben in etwa durch die Elastizität des mitverwendeten Materials verhindert wird. Bei flachen Geweben müssen Laugen, Spülen und Seifen breit durchgeführt werden, bei Kreppgeweben nur das Laugen. Das

Spülen soll bei Kupferseide immer kalt erfolgen, damit keine Risse entstehen. Absäuern ist nach dem Spülen zu vermeiden. Man seift eine Stunde von kalt nach kochend und hält eine Stunde weiter bei Kochtemperatur. Im allgemeinen reichen Bäder von 2—4 g Seife und 1 g Igepon T aus. Bei härterer Ware und wenn durch die Laugenbehandlung eine leichte Bräunung des Gewebes eingetreten sein sollte, setzt man dem Seifenbade etwas Perborat zu. Bei Gegenwart von Leinölschlichte ist mitunter bis zu 6stündiges Kochen erforderlich.

Das Färben selbst soll mit möglichst viel Öl erfolgen (also sehr fett färben!), weil bei Kupferseide außerordentlich leicht Blanchissüren entstehen. Als Färbeöl empfiehlt sich hier mindestens 0,2—0,5 g Brillantavirol L 142, ferner Marseiller Seife und Soromin AF, als Nachavivage Soromin A, das nicht im Färbebade verwendet werden kann, evtl. auch 0,5 g Brillantavirol und 0,5 g Glyzerin bei 30° C. Soromin A ist nur in schwach saurer Lösung zu verwenden (möglichst Ameisensäure). Normalerweise färbt man von kalt nach kochend, nur bei Baumwollmischgeweben geht man aus Gründen der Ton-in-Tonfärbung kochend heiß ein. Die meisten Gewebe können auf dem Haspel gefärbt werden. Foulards und Taffete färbt man auf dem Jigger, schwere Krepps auf dem Stern. Wo die Neigung zur Faltenbildung vorhanden ist, rollt man zwischen den Behandlungen auf, damit keine Liegefalten entstehen. Sollten Falten entstanden sein, so geht man mit der nassen Ware auf den Tambour, welcher unter 3 Atm. Druck steht, rollt von hier trocken auf und geht nun noch einmal mit der jetzt sehr harten Ware durch den Foulard auf die Trockenmaschine oder in die Hänge. Wesentlich ist ferner kurze Färbedauer, jede Minute zuviel ist vom Übel!

Grundsätzlich soll man bei Geweben aus Kupferseide nicht schleudern, sondern absaugen, evtl. auf die Breitschleudermaschine gehen. Kreppgewebe trocknet man auf der Hänge oder im Plantrockner. Spannung in Schußrichtung ist beim Trocknen zu vermeiden. Bei der Appretur ist ein Kalander unentbehrlich, da ohne Kalandrieren Gewebe aus Kupferseide sehr hart werden. Kalandrieren dagegen ergibt einen überraschend weichen Griff.

Bei Indanthrenfärbungen, die man stets unter Zusatz von Dekol, Chefadol, Peregal O oder Humectol ausführt, verwendet man zweckmäßigerweise Farbstoffe des Verfahrens I W, da diese Kupferseide am besten egalisieren. Von Interesse ist bei Geweben aus Kupferseide auch das Klotzverfahren, bei dem man den unverküpten Farbstoff mit Hilfe von Gummiverdickung auf die Ware bringt. Anschließend entwickelt man mit Lauge und Hydrosulfit. Der Laugenzusatz ist sehr reichlich zu bemessen, da Kupferseide begierig Lauge aufnimmt. Das Klotzverfahren eignet sich auch besonders für Mischgewebe mit Baumwolle. Auf die Eignung der Indigosole sei hier nur hingewiesen.

12. Spezielle Behandlungsmethoden.

Webwaren.

A. Flache Gewebe.

a) Gewebe aus reiner Kunstseide.

Damen- und Herrenfutterstoffe. Hier kommen hauptsächlich Stoffe in Satin- und Köperbindung in Frage. Damenfutterstoffe sind stets dünner eingestellt als Herrenfutterstoffe, oft sogar in außerordentlich loser Einstellung. Dies macht in der Färberei eine besondere schonende Behandlung nötig, da jeder Faden gewissermaßen seinen ihm bestimmten Raum ausfüllen muß und jedes Verschieben zu Streifen im Gewebe führt. Andererseits verlangt diese Einstellung eine stark füllende, aber doch weich gehaltene Appretur. Diese Gewebe haben eine sehr große Neigung zur Faltenbildung. Am besten kocht man nach der Entschlichtung gut fett ab und färbt auf dem Jigger unter Vermeidung zu starker Längsspannung. Das Abkochen und Entschlichten kann auch auf dem Jigger vorgenommen werden. Es sind dann aber die Behandlungszeiten entsprechend zu verlängern, da die Ware sich oberhalb der Flotte schnell abkühlt. Selbstverständlich kann man die Stücke auch auf dem Haspel färben. Zur Vermeidung von Blanchissüren ist bei Haspelfärbung sehr fettes Färben und Bombieren des Haspels erforderlich. Sind beim Färben Kniffe entstanden, so kann man, wie auf S. 116 beschrieben, vorgehen. Als Avivagemittel ist zu empfehlen Igepon, Glyzerin, Tallosan o. ä. Man trocknet in der Hänge oder auf dem Plantrockner, spannt mit entsprechendem Dampf, kalandert, rollt auf oder doubliert.

Dünner eingestellte Damenfutterstoffe werden nach dem Färben vor dem Spannrahmen durch die wie folgt beschickte Appreturquetsche genommen:

120 Liter Wasser,
50 g Leim,
100 g Milchsäure,
200 g Glyzerin,
250 g Diastase.

Die Ware wird im Spannrahmen ziemlich stark in der Kette gestreckt, wodurch das Schieben günstig beeinflußt wird. Eine etwas weicher gehaltene Ware erzielt man mit folgendem Appreturrezept:

120 Liter Wasser,
100 g Leim,
100 g Milchsäure,
100 g Glyzerin,
250 g Diastase,
50 g Soromin F.

Sehr dünne Gewebe können auf der Rückseite mit Spritzappret versehen werden. Als Appreturmasse eignet sich eine Lösung von

2 g Monopolbrillantöl SO 100,
2 g Gelatine im Liter.

Nach dem Trocknen läßt man durch den Stahlkalander laufen (rechte Seite auf der Stahlwalze). Allzu hoher Druck ist hierbei zu vermeiden, damit die Ware nicht zu speckig wird, daher ist auch auf die Temperatur der Kalanderwalzen zu achten.

Dichter eingestellte, schwere Herrenfutterstoffe werden im allgemeinen wie oben behandelt, nur stellt man die Appreturmasse entsprechend leichter ein. Wir empfehlen Behandlung auf der dem Spannrahmen vorgeschalteten Appreturquetsche mit folgender Lösung:

120 Liter Wasser,
200 g Soromin,
250 g Monopolbrillantöl SO 100,
400 g Glyzerin,
600 g Essigsäure.

Steppdeckenstoffe. Steppdeckenstoffe sind sehr dicht eingestellte, rein kunstseidene Gewebe, meist mit Jacquardmusterung. Sie werden durchweg substantiv gefärbt, wobei man auf die Echtheitsansprüche Rücksicht zu nehmen hat (gute Lichtechtheit!). Eine besondere Appretur kommt nicht in Frage. Man gibt nach dem Färben eine Avivage, die der Ware keine besondere Weicheit, sondern nur ein Fließen verleiht. Geeignet sind 1—2 g Monopolbrillantöl, 0,5—1 g Tallosan S oder entsprechende Präparate. Im Anschluß daran wird in der Muldenpresse oder auf dem Filz- oder Finishkalander behandelt. Es kommt darauf an, das Jacquardmuster möglichst plastisch hervortreten zu lassen.

Wäschestoffe. Bei diesen Geweben wird ein weiches, fülliges Warenbild verlangt. Man sorgt daher dafür, daß die Ware von Anfang an weich gehalten wird. Gefärbt wird in der Hauptsache substantiv bei Gegenwart von Seife und weichmachenden Ölen, wie z. B. Brillantavirol L 142 o. ä. Nach dem Färben wird sehr weich aviviert (s. S. 80).

Kleiderstoffe. Von diesen Stoffen verlangt man Fülligkeit und Fließen bei einem gewissen „Stoß“. Man färbt ohne besondere Rücksichtnahme auf die Weichheit mit substantiven, Diazo- oder Indanthrenfarbstoffen je nach den verlangten Echtheitseigenschaften. Dann gibt man eine Avivage mit etwa folgenden Körpern: Monopolbrillantöl, Malz, Glyzerin und Carragheenmoos.

An Stelle des letzteren eignet sich auch hervorragend Johannisbrotkernmehl, etwa in Form des Leicogummis. Die Mengenverhältnisse richten sich nach der Einstellung und nach dem Geschmack des Kunden. Maschinelle Behandlung: Appreturquetsche oder Spritzappretur, leichter Kalander (zwischen Papierwalzen oder einer Baumwoll- und einer Papierwalze).

Frottéstoffe. Bei diesen Geweben kommt es darauf an, die Fasern möglichst offen zu halten. Man färbt im fetten Bade auf dem Haspel und gibt eine etwas fülligmachende Weichavivage, etwa unter Verwendung von Monopolbrillantöl und Tallosan sowie Glyzerin. Maschinelle Behandlung: Spannrahmen, Muldenpresse.

Druckartikel. Diese Gewebe werden in der Färberei soweit fertiggestellt, daß sie in der Druckerei keiner besonderen Behandlung mehr bedürfen. Wichtig ist die Echtheit und Ätzbarkeit der verwendeten Farbstoffe. Um die Grundlage für eine glatte Aufnahme der Druckfarben sowie für scharfstehende Drucke zu geben, passiert man die Ware nach dem Spülen noch durch ein Bad von $^1/_2$ g Essigsäure pro Liter Flotte. Kommt die Ware aus der Druckerei zurück, so behandelt man sie wie S. 118 unter Kleiderstoffe angegeben.

b) Mischgewebe.

Herrenfutterstoffe. Hier handelt es sich um Gewebe aus Kunstseide mit Baumwolle, meist in Satin- oder Sergebindung. Sie werden nach sorgfältigem Abkochen substantiv auf dem Haspel oder besser auf dem Jigger gefärbt. Zu beachten ist sorgfältige Reinigung und Vorquellung zum Zwecke der Ton-in-Tonfärbung. Eine besondere Appretur ist bei schweren Geweben nicht erforderlich, man gibt eine Avivage mit nicht allzu weich machenden Ölen oder wenig Tallosan und kalandert. Oft genügt es auch, auf der Appreturquetsche nur durch Wasser zu gehen und dann sofort auf dem Spannrahmen zu trocknen. Wird ein besonderer Hochglanz verlangt, so wendet man den Finishkalander an, wobei man die rechte Seite der Ware auf der Stahlwalze laufen läßt. Je höher die Temperatur, um so höher der Glanz. Bei Azetatseide ist darauf zu achten, daß nur vollkommen trocken und nicht über 65° C kalandert wird. Will man in der Avivage Glyzerin verwenden, so müssen die Glyzerinzusätze bei Azetatseide nur sehr gering bemessen werden.

Damenmantelstoffe. Diese erhalten nach dem Färben nur Öl und werden im Anschluß daran scharf kalandert, sofern keine Rippenware vorliegt. In diesem Falle ist die Muldenpresse oder der Filzkalander vorzuziehen.

Regenmantelstoffe. Bei diesen Stoffen verlangt man möglichste Wassertropfechtheit. Wir verweisen hier auf die S. 80 beschriebenen Verfahren zum Wasserabstoßendmachen:

Seifen- und Tonerdebehandlung,
Este-Emulsion WK (Stockhausen),
Ramasit K (I. G. Farbenindustrie),
Imprägnol (A. Bernheim)

und andere Verfahren. Maschinelle Behandlung: Filzkalander oder bei höherem Glanz Kalandern zwischen zwei Papierwalzen, bei Mattglanz kalandriert man zwischen einer Baumwoll- und einer Papierwalze bzw. zwischen zwei Baumwollwalzen unter geringem Druck.

Druckartikel. Hier gilt dasselbe wie schon das bei den reinen kunstseidenen Stoffen S. 119 Gesagte.

B. Voilegewebe.

Crêpe Orientale. Hierunter versteht man Gewebe aus Kupferseide, die eine Voilekette und einen glatten Schuß enthalten. Bei diesen Geweben kommt es darauf an, der Kette einen gewissen Einsprung zu geben, was man durch eine alkalische Behandlung erreicht. Man behandelt die Stücke in voller Breite in einem kochenden Bade vor, das 2 g Seife, 2 g Soda oder Natronlauge und 0,5 g Laventin KB, Spezialseife C, Cycloran o. ä. enthält, am besten auf dem Jigger. Ist der Einsprung nicht groß genug, oder handelt es sich um sehr leichte Qualitäten, so behandelt man kalt mit Natronlauge von 5 g Bé auf Stöcken in Buchform. Nach dem Spülen und Absäuern färbt man unter Zusatz einer ausreichenden Menge Brillantavirol L 142 auf dem Haspel. Maschinelle Behandlung: Trocknen in der Hänge, Appreturquetsche oder Spritzappretur, Spannrahmen. Sollte die Ware etwas zu hart ausgefallen sein, ist Kalandern zu empfehlen. Das Trocknen vor der Appretur ist wegen der Weichheit des Gewebes nicht zu umgehen. Als weiche Appreturen kann das auf S. 118 bei den Futterstoffen angegebene Rezept dienen.

Voile. Auch in diesem Artikel, Kette und Schuß Violedrehung, herrscht die Kupferseide vor. Es kommt in der Ausrüstung darauf an, einen schwachen Kreppcharakter zu erzielen. Man kocht daher mit 2 g Seife, 2 g Natronlauge und 0,5 g Laventin KB pro Liter Flotte ab. Bei dieser Qualität kann das Abkochen auch auf dem Haspel erfolgen. Zum Färben dient nach gutem Spülen ebenfalls der Haspel oder ein leichter Jigger. Gespannt wird auf einem Spannrahmen mit Kluppen.

Viskosevoile kann man ebenso behandeln, nur ist meistens eine nicht so stark alkalische Behandlung angebracht, da die Viskosevoilegarne leichter einspringen. Maschinelle Behandlung wie oben, auch hier ist die Zwischentrocknung unbedingt zu empfehlen.

C. Kreppgewebe.

Bei den Kreppgeweben haben wir solche, in denen regelrechtes hochgedrehtes Kreppgarn vorhanden ist und solche, bei denen der Kreppeffekt lediglich in der Weberei durch die Bindung erzielt wird, zu unterscheiden. Die letzteren Gewebe bezeichnet man auch als Phantasiekrepps. Wir wollen ihre Ausrüstung den echten Kreppgeweben voranstellen.

Phantasiekrepps. Man legt die Ware über Nacht in breitem Zustand zum Einweichen und Entschlichten ein. Meistens hat hier eine ziemlich leicht lösliche Kettbaumschlichte Verwendung gefunden. Das Bad enthält $^1/_2$ g Essigsäure techn. und $^1/_2$ g Diastase pro Liter. Man geht bei 60° C mit der Ware ein und läßt über Nacht erkalten, wobei man dafür sorgt, daß das Gewebe überall unter der Flotte bleibt. Am andern Morgen spült man auf dem Jigger heiß und kalt und kocht in folgendem Bade ab:

2 kg Natronlauge techn.
200 g Gardinol CA,
200 g Cycloran,
100 g Verapolseife.

Die Angaben beziehen sich auf ein Stück von ca. 80 m Länge und 500 Liter Flotte. Nach dem Abkochen wird heiß und kalt gespült, mit Essigsäure abgesäuert, wieder kalt gespült und ebenfalls auf dem Jigger gefärbt unter Zusatz von

100 g Gardinol CA und
100 g Verapolseife,

nach Bedarf wird Glaubersalz zugegeben. Es empfiehlt sich bei diesem Artikel die Anwendung von Diazo- oder Parafarbstoffen. Nach dem Färben wird dann gut gespült und auf dem Jigger diazotiert und entwickelt. Man wendet

$1^1/_2$% Nitrit,
6—7% Salzsäure techn. und
1% β-Naphthol

vom Gewicht der Ware an. Bei Gelb nimmt man an Stelle des β-Naphthols Entwickler Z, bei Schwarz Entwickler H. Das Nitrit wird kalt gelöst; man gibt zwei Passagen, vor denen man je die Hälfte des Nitrits zugibt. Vor Anwendung der dritten und vierten Passage setzt man je die Hälfte der benötigten Salzsäure mit Wasser verdünnt zu. Nach der vierten Passage spült man 1—2 mal kalt. Das β-Naphthol löst man unter Zusatz von 1 kg Natronlauge pro Kilogramm β-Naphthol mit kochendem Wasser auf. Im β-Naphtholbade gibt man kalt vier Passagen. Vor der ersten und zweiten Passage wird je die Hälfte der benötigten Menge β-Naphthol zugegeben. Nach der vierten Passage spült man 4mal kalt, seift kochend mit Verapolseife und Gardinol CA, spült und aviviert mit $^1/_2$ Liter Glyzerin.

Entwickler Z und H werden unter Zusatz von 20—30 g Soda pro Kilogramm Entwickler aufgelöst.

An Stelle der Diazofarbstoffe kann man, wie gesagt, auch Parafarbstoffe verwenden. Diese werden mit Nitrazol entwickelt. Am besten stellt man sich einen Nitrazolansatz fertig her. In einem Faß nimmt man auf 100 Liter Wasser

1,2 kg Nitrazol,
1,2 kg essigsaures Natron und
600 g Soda.

Man verwendet zunächst nur 20—30 Liter kaltes Wasser und stellt später auf 100 Liter. Die gefärbte und gespülte Ware läßt man durch das kalte

Bad laufen, wobei man vor der ersten und zweiten Passage je die Hälfte des benötigten Nitrazolansatzes zugibt. Für 30 kg Ware benötigt man 5—7 Liter des Nitrazolansatzes. Im ganzen läßt man 4mal laufen, spült 4mal kalt, seift kochend mit Gardinol CA und Verapolseife, spült und aviviert mit $^1/_2$ Liter Glyzerin.

Die Ware wird dann auf dem Plantrockner getrocknet und aufgerollt. Nach 2 Stunden wird getafelt und fertig gemacht.

Sollen die Stoffe bedruckt werden, wird nach dem Trocknen nur getafelt und in diesem Zustand in die Druckerei gegeben. In diesem Falle säuert man das Avivagebad schwach mit Essigsäure an, um saubere Weißätzen zu erhalten.

Zur Erzielung eines wolligen Charakters (Winterware) kann man Mischgewebe auch rauhen. Das Rauhen kann beiderseitig gleichmäßig oder auf der einen Seite tiefer als auf der anderen erfolgen, wodurch sich eine gute Variiermöglichkeit ergibt. Das Rauhen nimmt man zweckmäßig nach dem Entschlichten, also vor dem Färben, vor. Nach dem Avivieren und Trocknen wird nachgebürstet, evtl. vorher zwischen Papierwalzen kalandert.

Crêpe de Chine, Crêpe Marocain. Hierunter versteht man Gewebe, die eine glatte Kunstseidenkette und hochgedrehtes Kreppgarn im Schuß enthalten. Im Gegensatz zum Crêpongewebe[1] wechseln hier zwei Schuß Linksdraht mit zwei Schuß Rechtsdraht miteinander ab. Leichtere Qualitäten bezeichnet man mit Crêpe de Chine, schwerere mit Crêpe Marocain. Im allgemeinen herrschen heute die leichteren Qualitäten vor und es ist der Kunst des Ausrüsters überlassen, aus diesen möglichst schwer aussehende Ware zu machen, der man den Namen Crêpe Marocain zusprechen kann. Es soll nicht verschwiegen werden, daß mit der Einstellung manche Weber unverantwortlich weit gehen. Daß hierdurch die Schwierigkeiten in der Ausrüstung wachsen, braucht nicht besonders hervorgehoben zu werden. Hinzu kommt in manchen Fällen, daß die Weber aus Materialersparnis die Ware möglichst schmal weben und vom Ausrüster eine bestimmte Warenbreite verlangen. Es geschieht dies natürlich in völliger Verkennung der Sachlage; denn man muß dem Kreppgarn Gelegenheit geben, einzuspringen. Tut man dies nicht, so kommen zu flache Gewebe heraus. Der Ausrüster tut daher gut, in solchen Fällen seinen Auftraggeber auf das Unmögliche seines Verlangens hinzuweisen, damit später unangenehme Auseinandersetzungen, in die dann meist — gänzlich schuldlos — auch noch der Kreppgarnlieferant hineingezogen wird, vermieden werden.

Bevorzugt werden weiche, fließende Gewebe. Da der Kreppausfall in dieser Beziehung nicht nur vom Kreppgarn abhängt, sondern auch in hohem Maße von der Kette, so hat der Weber zweckmäßigerweise

---

[1] Siehe S. 131.

schon in der Auswahl des Kettmaterials hierauf Rücksicht zu nehmen. Die Weichheit bzw. Schmiegsamkeit der Kette nimmt in folgender Reihenfolge zu:

Kupferseide, normalfädige Viskoseseide, feinfädige Viskoseseide, Azetatseide. Die Verwendung von Grège in der Kette kommt heute aus preislichen Erwägungen nicht in Frage.

Die Ausrüstung hat also zunächst auf das verwendete Kettgarn Rücksicht zu nehmen. Weiter aber verlangt auch die Verschiedenartigkeit des Schußgarnes eine abweichende Behandlung. Hier ist zunächst Kupferseidenkrepp von Viskosekrepp zu unterscheiden. Bei dem letzteren wieder gibt es zwei Arten, je nach der verwendeten Kreppschlichte, die aus Leinöl und aus leinölhaltigen Präparaten bestehen, sowie ganz leinölfrei sein kann. Ferner kann die Kette mit Leinöl stranggeschlichtet sein oder sie kann mit leicht wasserlöslichen Mitteln von Baum zu Baum geschlichtet sein. Wegen der vielen Schäden, die sich durch Leinöl besonders bei gebleichtem Viskose- und Kupferseidenkreppgarn gezeigt haben, sind einige Kreppgarnlieferanten auf die sog. wasserlösliche Kreppschlichte übergegangen. Diese Verschiedenheit der Schlichte führt zu folgenden Kombinationen:

Kette: Leinöl — Schuß: Leinöl,
Kette: Leinöl — Schuß: wasserlöslich,
Kette: wasserlöslich — Schuß: wasserlöslich,
Kette: wasserlöslich — Schuß: Leinöl.

Da erfahrungsgemäß ein anständiges Warenbild bei Kreppgeweben um so leichter zu erzielen ist, je langsamer der Schuß einspringt, so hat die Leinölschlichtung des Schußgarnes für den Ausrüster gewisse Vorteile, jedoch auch die Kombination Kette und Schuß wasserlöslich geschlichtet, bietet heute keine Schwierigkeiten mehr. Schwierig in der Ausrüstung sind die Gewebe, bei denen in der Kette Leinöl und im Schuß wasserlösliche Schlichte vorliegt, was besonders bei Azetatkette der Fall ist. Es ist für den Kreppvorgang also vorteilhaft, wenn sich die Kette zuerst von der Schlichte befreit; der Schuß findet dann bei seinem Einspringen ein schmiegsames Material vor.

Auf all diese Umstände hat der Ausrüster Rücksicht zu nehmen, ganz abgesehen davon, daß auch noch die persönlichen Wünsche der Fabrikanten nach einem mehr oder weniger körnigen Warenbild hinzukommen.

Diese Vielseitigkeit macht es uns aber auch hier unmöglich, alle einzelnen Gewebeeinstellungen genau zu beschreiben. Die im folgenden angegebenen Verfahren können daher nur als Richtlinien dienen, obwohl wir uns bemühen wollen, die einzelnen Vorgänge möglichst ausführlich darzustellen.

Die Kreppausrüstung setzt sich aus drei Prozessen zusammen:

1. Das Kreppen.
2. Das Färben.
3. Das Appretieren.

1. Kreppen. Hierzu ist grundsätzlich zu sagen, daß dieses in breitem Zustand zu erfolgen hat. Allgemein kann man für diese Behandlung in breitem Zustand folgende Wege beschreiten:

Man haspelt die Stücke auf einen Klapphaspel auf, den man nach Einnähen der Enden zusammenklappt. Die Ware wird von dem Haspel abgenommen und in dieser Form („Buchform") mit zwei Stäben wie Stränge im Bade umgezogen. An Stelle des Umziehens auf Stäben kann man auch an einer Seite Kordeln in die Kante der Gewebe einnähen

Abb. 98. Krepp-Prägekalander (Kleinewefers, Krefeld).

und sie hieran hängend behandeln. Als drittes Verfahren sei das Aufrollen auf einen Liegestern genannt. Das Aufspannen muß aber so erfolgen, daß die Stücke in Kettrichtung eingehen können. Ferner kann man auch einen Hängestern verwenden, bei dem man die unteren Nadeln nicht einspannt. Auch hier muß der Kette Gelegenheit zum Einspringen gegeben werden. Beim Hängestern läuft man jedoch leicht Gefahr, daß der Kreppcharakter nach der unten hängenden Gewebeseite hin etwas höher wird, da der oben hängende Teil der Warenbahn das Gewicht des nassen Gewebes zu tragen hat. Schließlich kann man die Stücke unter einer Leitwalze, die sich unter der Flotte befindet, durchrollen.

Wird dieser Grundsatz der Breitbehandlung außer acht gelassen, so erhält man Falten im Gewebe, sog. „Ameisengänge", die durch keine Behandlung mehr zu entfernen sind. Bei dünnen Geweben wird der Krepp vor der ersten Naßbehandlung durch einen Prägekalander (Abb. 98) fixiert. Man erreicht dadurch ein gleichmäßigeres Kreppbild und setzt die Neigung der Ware zum Schieben herunter. Bei dem Krepp-Prägekalander ist peinlich darauf zu achten, daß die Gravur der Walzen an keiner Stelle Beschädigungen aufweist, insbesondere dürfen keine scharfen Stellen in ihr enthalten sein. Dieses führt bei der späteren Naßbehandlung der Stücke zu Verletzungen der stark gedrehten Kreppfäden, sog. „Schußplatzern", die die Ware in ihrem Wert ganz erheblich herabsetzen. Es soll an dieser Stelle nicht vergessen werden, daß sich auf die gleiche Weise zeigende Schußplatzer auch durch Zersetzungserscheinung der Leinölkreppschlichte entstehen können.

Das Einspringen des Krepps kann man weitgehend variieren durch die Temperatur sowie die Alkalität des Kreppungsbades. Die zu wählende Behandlungsart ist durch Laboratoriumsversuche an schmalen Gewebestreifen zu ermitteln. Je nach der Leichtigkeit des Einspringens verwendet man Seifenbäder mit mehr oder weniger Sodazusatz und niedrigeren oder höheren Temperaturen. Schwer einspringende Gewebe werden vor dem Seifen mit Natronlauge behandelt. Bei Kreppgeweben aus Kupferseide hat sich herausgestellt, daß die Natronlaugebehandlung sich nach dem Seifen angewandt als günstiger erweist (s. S. 127). Das Laugen hat in der Kälte zu erfolgen und muß natürlich bei Azetatkette unterbleiben, um die Azetylzellulose nicht zu verseifen und die Faser matt zu machen.

2. Färben. Das Färben kann ohne Schwierigkeiten auf dem Haspel erfolgen. Hierbei ist jedoch zu beachten, daß die Färbetemperatur nicht höher wird als die im Seifenbade angewendete. Wird diese Temperatur überschritten, so wird

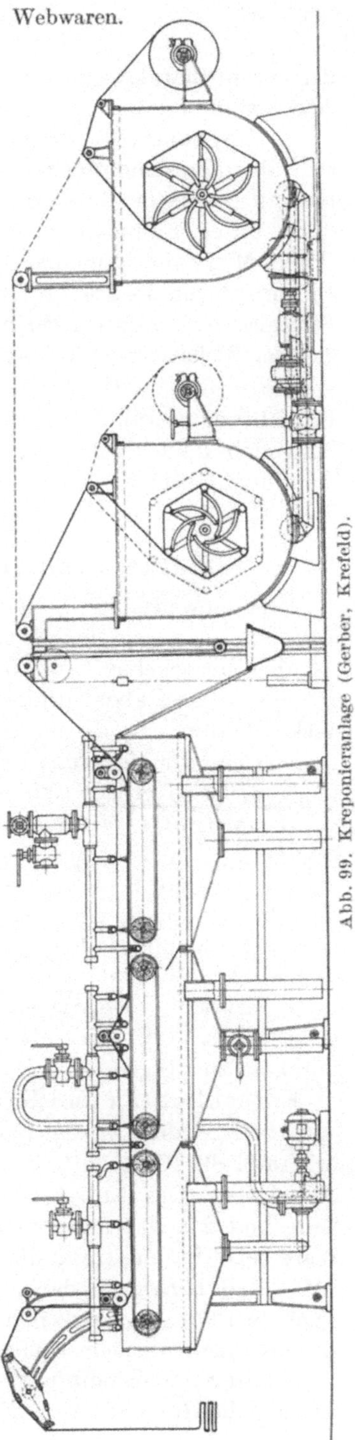

Abb. 99. Kreponieranlage (Gerber, Krefeld).

der Kreppcharakter gestört und es können erneut Falten entstehen. Abschleudern muß vermieden werden.

3. Appretieren. Man gibt nach dem Färben eine leichte Avivage, läßt abtropfen und trocknet auf dem Spannrahmen. Eventuell trocknet man auch auf einer Trockenmaschine ohne jede Spannung vor und spannt dann unter Dämpfen auf dem Spannrahmen. Crepe de Chine und Crêpe Marocain läßt man, berechnet auf die Rohwarenbreite, einen Einsprung von 6—8%. Als Endappretur kann eine Behandlung auf dem Filzkalander erfolgen. Einen guten Effekt gibt auch eine Behandlung auf der Dekatiermaschine oder dem Mattkalander.

Kontinueverfahren. An dieser Stelle sei noch eine mechanische Einrichtung erwähnt, die es gestattet, die ganzen Krepp-Prozesse am laufenden Band auszuführen. Die Einrichtung (Abb. 99) wird von der Maschinenfabrik Gerber-Wansleben, Krefeld, gebaut. Die Ware passiert die Laugen-, Spül- und Säurebäder automatisch nacheinander.

a) Azetatkette mit Leinöl, Viskosekrepp mit Leinöl.

Diese Gewebekombinationen mit Azetatseide sind insofern schwieriger, als man nicht wie bei Viskose- und Kupferseide nach Belieben mit Alkalien herangehen kann, um den gewünschten Einsprung zu erhalten. Im allgemeinen aber springen die Gewebe mit Azetatkette leichter als Viskoseketten ein, da die Azetatseide, besonders in nassem Zustand, weicher und schmiegsamer ist; sie setzt daher dem einspringenden Schußfaden nicht so großen Widerstand entgegen.

Maschinelle Vorbehandlung. Ist ein Prägen des Gewebes erforderlich, so ist peinlich darauf zu achten, daß die Temperatur der Prägewalzen 55° C nicht übersteigt, da bei höheren Temperaturen unter dem hohen Druck ein Plastischwerden der Azetatfäden eintritt. Die einzelnen Kapillarfädchen können hierbei vollkommen zusammenschmelzen. Es entsteht dann ein Faden, der so spröde ist, daß er wie Glas zerbricht. Abgesehen davon ändert sich natürlich auch sein färberisches Verhalten. Man tut daher gut, bei Azetatseide überhaupt nur kalt zu prägen.

Entschlichten und Kreppen. Man bringt die Ware in Buchform oder breitgetafelt in ein Bad von 30—35° C, das 2—3 ccm Monopolbrillantöl SO 100% enthält. In diesem Bade läßt man mehrere Stunden einweichen. Das Entschlichtungsbad setzt man mit 5—8 g Marseiller Seife und 2 g Natriumperborat an. In dieses Bad geht man mit der Ware bei 50° C ein, treibt die Temperatur allmählich auf 75 bis höchstens 80° C und behandelt darin je nach dem Kreppeffekt 2—3 Stunden. Nach dem Kreppen spült man und läßt noch einige Male über den Haspel laufen. Nach warmem Spülen wird auf der Hänge zwischengetrocknet.

Färben. Für empfindliche Gewebe wendet man den Stern, für dichtere die Haspelkufe an. Man färbt, wie S. 114 angegeben, im Einbad-

oder Zweibadverfahren. Die Färbetemperatur darf 75—80° C nicht übersteigen. Für die jetzt gewünschten leicht fließenden Gewebe färbt man unter Zusatz von Gardinol CA, Melioran F 6, Novocarnit usw. Bei Griffware läßt man diese Mittel fehlen.

Avivieren. Zur Erzielung eines leichten Griffes aviviert man mit

1 g Marseiller Seife,
1 g Tallosan S und
1 ccm Glyzerin.

Bei Griffware stellt man nach dem Färben auf ein kaltes fettes Seifenbad, läßt abtropfen und aviviert mit 2—3 g Milchsäure.

Appretieren. Nach der Avivage läßt man abtropfen und trocknet auf dem Kluppenrahmen, daran schließt sich eine Behandlung auf dem Filz- oder Papierkalander an. Auch können hier die S. 130 angeführten Verfahren angewandt werden.

b) Azetatkette mit Leinöl, Viskosekrepp wasserlöslich.

Maschinelle Vorbehandlung. Da dünn eingestellte Ware obiger Kombination leicht zum Schieben neigt und gern einen unruhigen, sog. „tränigen“ Krepp ergibt, wird bei 45° C unter einem Druck von 3000 kg vorgauffriert.

Entschlichten und Kreppen. Man bereitet ein Bad von 5 g Marseiller Seife und 0,5 g Laventin KB im Liter. In dieses Bad geht man mit der Ware in Buchform auf Stäben handwarm ein und bringt die Temperatur im Verlaufe von $^1/_2$—1 Stunde auf 75° C. Diese Temperatur hält man noch 2—3 Stunden je nach Einsprung. Nach dem Seifen wird kalt und warm gespült.

Färben. Auf dem Haspel wird unter Zusatz von 0,5 g Brillantavirol L 142 im Liter bei 75° C gefärbt ohne jeden weiteren Zusatz von Salz oder Seife.

Appretieren. Nach dem Färben wird gespült, abgesaugt und auf der Hänge getrocknet. Dann wird auf Breite gespannt und dekatiert, wobei man während des Dämpfens zwischen Filz laufen läßt. Erforderlichenfalls wird noch einmal nachgespannt.

c) Kupferseiden in Kette und Schuß.

Hier liegt in den weitaus meisten Fällen nur in der Kette Leinölschlichte vor. Man sorgt daher für besonders langsames Einspringen. Es ist ferner darauf zu achten, daß die Ware stets weich bleibt.

α) **Leichte Qualitäten.** Maschinelle Vorbehandlung. Leichte Gewebe werden zweckmäßig vorgauffriert.

Entschlichten und Kreppen. Die Ware wird in breitem Zustand in einem Bade von 4 g Marseiller Seife und 1 g Igepon T pro Liter Flotte geseift. Man geht bei 40° C in das Bad ein, bringt es im Verlaufe von $^1/_2$ Stunde auf 90° C und hält es 2 Stunden bei dieser Temperatur. Dann läßt man sorgfältig abtropfen und geht kalt in ein Natronlaugebad von 2,6° Bé während 10 Min. Danach wird gut kalt gespült („umgekehrtes Kreppverfahren").

Färben. Auf dem Haspel färbt man unter Zusatz von 0,5—1 g Brillantavirol L 142.

Appretur. Man spannt nach dem Vortrocknen in der Hänge auf Kluppenrahmen bei möglichst niedriger Temperatur und möglichst feucht. Evtl. wird noch schwach zwischen Papier und Stahl kalandert.

β) Schwere Qualitäten. Maschinelle Vorbehandlung kann unter Umständen fortfallen.

Entschlichten und Kreppen. Die Natronlaugebehandlung fällt fort. Es wird wie unter *α*) geseift.

Färben. Hier gelten die obigen Richtlinien.

Appretur. Man spannt auf Kluppen- oder Nadelrahmen und kalandriert schwach. Anschließend wird dekatiert und unter etwas Längsspannung nachgespannt.

d) Azetatseidenkette, Kupferseidenschuß.

Bei dieser Kombination gilt zunächst das, was schon S. 126 über das Gauffrieren gesagt wurde. Ferner hat die Laugenvorbehandlung fortzufallen. Beim Seifen und Spannen darf die Temperatur von 75° C nicht überschritten werden. Wird matte Ware verlangt, so seift man unter Zusatz von etwas Ammoniak kochend oder Phenol bei 80° C. Im übrigen verweisen wir auf S. 126 (Kette: Azetat, Schuß: Viskose).

e) Viskosekette mit Leinöl, Viskoseschuß mit Leinöl.

Maschinelle Vorbehandlung. Bei leichten Qualitäten empfiehlt sich die Anwendung des Prägekalanders.

Entschlichten und Kreppen. Die auf dem Prägekalander vorgauffrierte Ware wird breit gelaugt. Für ein Gewebe folgender Zusammensetzung:

Kreppgarn: 100/40 Denier,
Kette: 90/18 oder 90/36 Denier,
Schußdichte: 26 Fäden pro Zentimeter

benutzt man zweckmäßig eine Natronlauge von 4° Bé, für das gleiche Gewebe mit etwas weniger Schuß eine Natronlauge von 5—6 Bé. Entsprechend ist die Laugenkonzentration für Gewebe anderer Einstellung zu variieren. Die Ware bleibt 5—10 Min. in dem Natronlaugebad liegen, dann wird sie herausgedreht und noch 1—2mal mit Unterflottenführungswalze breit hin und her gedreht, wobei peinlichst darauf zu achten ist, daß keine Falten in die Warenbahn kommen. Darauf wird die

Ware ohne Zwischenspülung durch ein ziemlich starkes Salzsäurebad 5mal unter der Flotte breit durchgedreht. Das Säurebad muß so stark sein, daß sämtliche von dem Gewebe eingeschleppte Natronlauge restlos neutralisiert wird und noch ein ganz geringer Überschuß von Salzsäure bleibt. Das direkte Eingehen mit der alkalischen Ware in das Salzsäurebad verfolgt den Zweck, die durch die Natronlauge gelösten alkalilöslichen Zellulosebestandteile wieder in der Faser niederzuschlagen, wodurch sowohl die Festigkeit des Kunstseidengarns erhalten bleibt, als auch das Gewebe eine bedeutend bessere Fülligkeit erhält. Nach dem Säuren wird auf der Haspelkufe kalt gespült, mit einem 80° C warmen Ammoniakbade alkalisch gemacht und wieder kalt gespült, worauf man zum Abkochprozeß übergeht.

Man kocht 1 Stunde lang ab, wobei man sich für 8—10 Stücke à 80 m etwa eines Bades folgender Zusammensetzung bedient:

$^1/_2$ kg Gardinol CA,
$^1/_2$ kg Verapolseife,
$^1/_2$ kg Melioran F 6.

Nach dem Abkochen wird kalt gespült, leicht geschleudert und auf der Hänge oder dem Plantrockner getrocknet.

Färben. Man färbt auf der Haspelkufe etwa unter Zusatz von Seife, Gardinol CA, Verapolseife, Melioran F 6 oder Mischungen von diesen, geht ziemlich kalt ein und steigert die Temperatur bis zu der höchsten Temperatur, die man im Abkochbade erreicht hat. Geht man mit der Temperatur höher, so springt das Gewebe über das gewünschte Maß hinaus ein. Nunmehr gibt man je nach Bedarf Glaubersalz zu. Ist die Ware fertig gefärbt, schwenkt man unter stetem Weiterlaufenlassen des Haspels kalt ab und spült bis das Spülwasser klar abläuft, wobei man nicht aufwirft. Für weiße Ware behandelt man die Gewebe zunächst wie oben angegeben bis zum Trocknen nach dem Abkochen. Dann gibt man ein kochendes Bad von Hydrosulfit und 2 g Natronlauge im Liter, spült heiß und kalt und säuert bei 60° C mit Salzsäure ab, der man praktisch etwas Oxalsäure zugibt. Hierauf wird kalt und warm gespült und auf ein 15° C warmes Chlorbad gestellt. Zweckmäßig gibt man dem Chlorbad $^1/_2$—1 g im Liter Avirol AH oder Flerhenol M superior zu. In diesem Bade läßt man die Ware 1 Stunde laufen, spült kalt, säuert mit Salzsäure kalt ab und geht wieder auf das Chlorbad zurück. Nach einer weiteren Stunde Chlorbehandlung wird wieder kalt gespült, mit Salzsäure abgesäuert und auf ein kaltes Bad mit Hydrosulfit und Ammoniak gestellt. Jetzt spült man gut, säuert mit Essigsäure und geht auf das Avivierbad.

Avivieren. In einer kleinen Haspelkufe aviviert man jedes Stück einzeln mit 1—3 g Glyzerin und $^1/_2$ g Igepon T pro Liter. Bei weißer Ware setzt man dem Avivierbad zum Bläuen etwas Alizarinirisol zu. Schleudern ist wegen der Gefahr der Faltenbildung zu vermeiden. Man saugt daher ab oder trocknet die Gewebe auf dem Plantrockner oder in der Hänge ohne zu schleudern.

Appretieren. Man näht zweckmäßig zwei Gewebe zusammen und versieht sie mit je 1—2 m Vorende. Die Appretur hat sich danach zu richten, ob man feuchte oder trockene Gewebe vorliegen hat. Im ersteren Fall spannt man auf einen Spannrahmen, bei dem in der ersten Zone heiße Luft gegen das Gewebe strömt. Dann läßt man es eine Dampfzone passieren, wonach man über offenem Gasfeuer trocknen kann. Kommen trockene Stücke zur Appretur, so spannt man unter Dampf bis zur vorgeschriebenen Breite. Unter möglichst wenig Kettspannung läßt man die Gewebe auf Rollen auflaufen. Ein Durchdrücken der Nähte verhindert man durch Einlaufenlassen von Pappbogen. Sollte die Ware nicht fehlerfrei sein, so spannt man sie nochmals nach und läßt sie 5—6 Stunden auf Rollen liegen, danach wird auf der Doubliermaschine doubliert, geteilt und aufgemacht. Das Trocknen über offenem Gasfeuer gibt der Ware jedoch immer eine gewisse Härte.

f) Viskosekette mit oder ohne Leinöl, Viskosekrepp wasserlöslich.

Maschinelle Vorbehandlung wie unter e), je nach Schwere der Qualität.

Entschlichten und Kreppen. Enthält der Schuß kein Leinöl oder hat die Ware Neigung zu schnellem Einspringen, so läßt man zunächst die Laugenbehandlung fort oder schwächt sie in Konzentration und Dauer stark ab. Man arbeitet mit oder ohne schwacher Laugenvorbehandlung dann etwa wie folgt:

Die Gewebe werden in Buchform oder an einer Kante aufgehängt in ein 30° C warmes Bad gebracht, das 1—5 g kalzinierte Soda und 1—2 g Spezialseife C oder Cycloran im Liter enthält. In diesem Bade läßt man die Stücke am besten über Nacht hängen. Am anderen Morgen steigert man im Verlaufe von 3 Stunden die Temperatur ganz allmählich auf 100° C. Liegt eine Leinölschlichte in der Kette vor, so kocht man noch $^1/_2$—1 Stunde, evtl. auf frischem Bade, weiter. Hierauf wird heiß und kalt gespült.

Färben und Appretieren wie unter e).

Crêpe Satin.

a) Viskosekette, Viskosekreppschuß.

Maschinelle Vorbehandlung. Je nach Art und Bindung sowie Dichte der Einstellung werden auch Crêpe-Satingewebe auf dem Kreppkalander arretiert. Das Vorkalandern hat hier aber weit vorsichtiger, entweder zwischen Papierwalzen oder zwischen Prägewalzen mit geringem

Druck zu erfolgen, damit die Struktur der groben Schußfäden nicht in die glatte Kettseite hineingepreßt wird.

Entschlichten und Kreppen. Es gilt hier zunächst dasselbe, was schon auf S. 128 über die Behandlung von Crêpe Marocain gesagt wurde: Auch hier müssen bei jedem Artikel Versuche angestellt werden, um den Schrumpfungscharakter des betreffenden Gewebes festzustellen. Man arbeitet auch hier mit Natronlauge oder nimmt nur die Abkochung vor. Von großem Wert ist bei diesem auf einer Seite glatten Gewebe ein Trocknen zwischen Kreppen und Färben. Man erzielt hierdurch eine überraschende Weichheit der Fertigware.

Färben. Das Färben wird sorgfältig auf dem Haspel vorgenommen. Dies bringt aber leider die Gefahr der sog. Blanchissüren mit sich. Es sind dies Flecke auf der glatten Warenseite, die durch das dauernde, leichte Aneinanderscheuern der Gewebebahnen beim Färbeprozeß entstehen. Um diesen Fehler auszuschließen, arbeitet man am besten so, daß man die Gewebe in der Längsrichtung faltet, wobei man die empfindliche glatte Seite nach innen legt. Die Webkanten werden nun zusammengeheftet. Durch Arbeiten in sehr fetten Bädern kann man die Blanchissüren noch weiter zurückdrängen, die Gewebelagen haben dann die Möglichkeit, leichter aneinander vorbeizugleiten. Wie beim Crêpe Marocain ist auch hier darauf zu achten, daß die Temperatur des Färbebades diejenige des Abkochbades nicht übersteigt. Ist dies der Fall, so tritt ein weiteres Einspringen des Kreppmaterials ein, was zu einem unerwünschten Effekt führt.

Das Weißfärben erfolgt genau so wie beim Crêpe Marocain (siehe S. 129) angegeben.

Avivieren und Appretieren wie bei Crêpe Marocain (S. 129).

b) Kupferseidenkette, Kupferseidenschuß.

Man behandelt wie bei Crêpe Marocain vor, spült breit und seift. Im übrigen gilt dasselbe, was unter Viskoseseide gesagt wurde.

Borkenkrepp (Crêpon). Bei dieser Gewebeart besteht der Einschlag aus Kreppgarn von der gleichen Drehungsrichtung. Man behandelt mit Natronlauge und kocht im Seifenbad ab wie bei schweren Viskosekrepps (s. S. 128). Im allgemeinen muß der Einsprung bei Borkenkreppgeweben größer sein als bei Crêpe de Chine oder Crêpe Marocain, da sonst leicht ein uneinheitliches Warenbild in bezug auf die Höhe der Borken entsteht. Es ist zweckmäßig, den Geweben bis zu 20% Einsprung zu lassen. Es ist zu beachten, daß bei dieser Gewebeart geringe Unterschiede im Kreppvermögen des Schußgarnes, die oft nur auf webereitechnische Ursachen zurückzuführen sind, sich sehr stark in Form von Banden (in Cannettenbreite) zu erkennen geben. Für die Herstellung von Borkenkreppgeweben empfiehlt es sich daher, in der Weberei mit mindestens 4fachem Schützenwechsel zu arbeiten.

Crêpe Georgette. Diese Gewebeart, die in Kette und Schuß aus Kreppgarn besteht, wird behandelt wie die übrigen leichten Kreppqualitäten. Da auch die Kette Kreppgarn enthält, ist darauf zu achten, daß man ohne jede Längsspannung arbeitet, um auch der Kette Gelegenheit zum Einsprung zu geben.

Craquelé (Hammerschlag). Diese Artikel, die einen sehr welligen Charakter aufweisen, werden so hergestellt, daß mehrere Fäden Rechtsdraht und Linksdraht miteinander abwechseln. Es herrschen vier Schuß Rechtsdraht, vier Schuß Linksdraht und sechs Schuß Rechtsdraht und sechs Schuß Linksdraht vor. Außerdem sind durch die Verwendung von Kunstseidenkrepp, Baumwollkrepp und Wollkrepp z. T. auch als Effektzwirne gute Variiermöglichkeiten gegeben. Die Craquelégewebe werden im allgemeinen nicht vorkalandert. Man bringt die Stücke in Buchform und weicht sie zunächst in einem Bade ein, das für 2500 Liter Wasser 7 Liter Desilpon enthält. Die Temperatur beträgt 70° C, dann bringt man die Stücke in eine Haspelbarke, die jeweils zusammengehefteten Kanten werden aufgeschnitten. An Stelle des Desilpons kann auch Verapolseife verwendet werden.

Nach dem Einweichen gibt man ein frisches Bad von

$1^1/_2$ Liter Desilpon oder Verapolseife,
$^1/_2$ g Marseiller Seife,
$^1/_2$—1 g Perborat im Liter.

Man kocht 1 Stunde ab, bei Azetatseide geht man natürlich nur auf 80° C, wobei man das Desilpon durch das Produkt für Azetatseide Desilpon A ersetzt. Verapolseife kann in beiden Fällen verwendet werden. Nach 1 Stunde wird gut gespült, abgesaugt, auf der Hänge bzw. auf dem Spannrahmen getrocknet, danach gefärbt und weich appretiert.

Flamenga. Flamenga enthält im Schuß einen Wollkrepp. Die Artikel werden zunächst, evtl. nach dem Prägen auf einem Prägekalander mit grober Gravur auf dem Brennbock (Abb. 100) unter Zusatz geeigneter Hilfsmittel, wie z. B. Avirol A o. ä. eingebrannt. Dann wird kalt abgeschreckt und gespült, worauf man vom Brennbock abrollt. Hierauf wird gründlich entschlichtet. Obwohl sich die Behandlung auf dem Brennbock sehr günstig auf das Aussehen der Fertigware auswirkt, hat sie doch einen großen Nachteil. Bei Anwesenheit von Leinölschlichte läuft man Gefahr, daß diese durch die Heißbehandlung zu fest auf der Faser fixiert wird. Bei Ware für Weißfärbung sollte man daher den Brennbock umgehen. Es ist bei Gegenwart von Wolle angebracht, keine Seife zu verwenden, sondern nur Ammoniak und geeignete Textilhilfsmittel, wie z. B. Melioran F 6, Gardinol u. ä. Springt das Gewebe nicht stark genug ein, so kann man nach dem Brennen auch eine Laugenbehandlung in einem Bade von nicht über 3° Bé anwenden. Hiernach muß aber im Gegensatz zum Crêpe Marocain sorgfältig gespült, es darf also nicht direkt gesäuert werden. Wendet man keine Natronlauge an, so dient zum Abkochen dasselbe Bad, wie bei Craquelé angegeben. Man färbt entweder im Einbad- oder im Zweibadverfahren, im ersteren Falle haben sich auch Halbwollfarbstoffe gut bewährt.

Nach dem Färben wird gut gespült und aviviert. Als Avivage eignen sich Igepon T und Glyzerin oder Avirol AH und Glyzerin. Häufig sind in diesem Stoffartikel azetatseidene Effektfäden enthalten. In diesem Falle dürfen natürlich nur Farbstoffe verwendet werden, die die Azetatseide weiß lassen. Sollen die azetatseidenen Effekte bunt gefärbt werden, so färbt man sie mit Azetatseidenfarbstoffen, die die anderen Fasern ungefärbt lassen, nach (vgl. S. 114).

Abb. 100. Brennbock (Gerber, Krefeld).

Flamisol. Unter dieser Bezeichnung werden flamengaähnliche Gewebe verstanden, die als Krepp häufig Vistra oder Wollstra enthalten. Auch diese Gewebe werden auf dem Prägekalander gauffriert. Das Kreppen geschieht in einem kalten oder warmem Seifenbade, teilweise auch in verdünnter Natronlauge.

Cloqué. Hierunter versteht man hammerschlagähnliche Gewebe. Die Ausrüstung erfolgt wie unter Hammerschlag angegeben.

Afghalaine. Hierunter versteht man Stoffe in der Zusammensetzung Kunstseiden-Kreppkette und meist Wollkreppschuß. Man behandelt diese Stücke wieder in Buchform nach dem Desilponverfahren, oder, besonders bei Anwesenheit von Wolle, mit 3^0 Bé Natronlauge. Im übrigen ist die Ausrüstung dem Craquelé entsprechend.

Wirkwaren.

a) Trikotagen.

Die hier genannten Wirkwaren werden fast durchweg aus Viskose- oder Azetatseide hergestellt. In ganz feinen Gewirken trifft man auch vereinzelt Nitroseide von Magyarovar an. Außerdem gibt es hier viele mit Kunstseide plattierte Baumwollwaren, die letzteren oft als sog. Rauhwaren.

Gefärbt wird Viskose- und Nitroseide hauptsächlich substantiv. Bei höheren Echtheitsansprüchen werden auch auf Trikotagen viel Indanthrenfarbstoffe gefärbt. Auch Diazofarben werden verlangt.

Man färbt durchweg auf der Haspelkufe unter möglichster Breithaltung der Gewirke. Für diesen Zweck hat der Haspel zweckmäßig einen ovalen Querschnitt. Damit keine Scheuerstellen entstehen, kann

Abb. 101. Dämpf- und Ausrüstungsmaschine für Trikot (Paul Jahreis, Göppingen).

man den Haspel bombieren. Es ist ferner zweckmäßig, Haspelkufen zu verwenden, bei denen die Leitwalze mechanisch angetrieben wird. Man verhütet auf diese Weise ein Verziehen der Maschen im Gewirke. Bei substantiven und Diazofarben färbt man unter Zusatz von 2 g Marseiller Seife, Prästabitöl V oder Brillantavirol L 142. Gründliche Vorreinigung ist Bedingung, da die Wirkwaren von der Verarbeitung her meist stark mit Präparation und auch oft mit Maschinenöl von den Verarbeitungsmaschinen her verunreinigt sein können. Man setzt daher den Reinigungsbädern stets Fettlöser zu, wie z. B. Cycloran, Lanaclarin, Spezialseife C, Verapol, Laventin KB u. a. Bei starker Verschmutzung behandelt man $^1/_2$—1 Stunde kochend.

Die gefärbten Trikotagen werden gespült und aviviert. Hier müssen außerordentlich weich machende Avivagen verwendet werden. Zu empfehlen sind Soromin A, Neopol T extra, Igepon T sowie Sapamin MS und Brillantavirol L 142. Ausgesprochene Öle sind zu vermeiden, da sie die Ware zu schwer und fettig machen.

Kettwirkware wird auf dem Nadelspannrahmen bei mäßiger Temperatur getrocknet. Für Schlauchgewirke wendet man Spezialmaschinen an [1], bei denen gleichzeitig getrocknet und dekatiert wird (Abb. 101). Die Bildung von Moiré oder Speckglanz wird bei diesen Maschinen dadurch verhindert, daß die Ware nicht in direkte Berührung mit der geheizten Bügelwalze gebracht wird, sondern daß diese lediglich Filze anwärmt, die ihrerseits die Hitze auf die gedämpfte Trikotware übertragen.

Azetatseide färbt man mit Celliton- bzw. Cellitonechtfarben, Marineblau in sattem Ton sowie Schwarz mit Cellitazolen.

Mischgewirke mit Baumwolle. Hier kommt es in erster Linie auf gute Ton-in-Tonfärbung an. Oftmals arbeiten sich feine Baumwollhärchen durch die Kunstseidendecke durch. Sind diese dann heller gefärbt, so erhält die Ware ein sehr unansehnliches Aussehen. Man trachtet daher danach, die Baumwolle möglichst noch etwas dunkler zu bekommen. Vorbedingung zur Erzielung einer guten Ton-in-Tonfärbung ist gründliche Vorreinigung, damit die Baumwolle entfettet wird und ihre Fasern geöffnet werden. Man kocht etwa unter Verwendung von 2 g Seife, 2 g Natronlauge und 2 g eines geeigneten Fettlösers gut ab und spült gründlich. Hierauf wird mit ausgesuchten Farbstoffen, die eine gute Ton-in-Tonfärbung ermöglichen, auf dem Haspel gefärbt.

Danach gibt man ein Bad von 2 g Monopolbrillantöl SO 100. Nach der Trocknung kann die Ware auf der Rückseite gerauht werden.

b) Strumpfwaren.

Hier haben wir die billigen, auf Standardmaschinen hergestellten Qualitäten und die hochwertige Cottonware zu unterscheiden. Im Färben ist die letztere Art schwierig, da sie einerseits für die Verarbeitung eine viel schwerere Präparation erfordert, die ausgewaschen werden muß, und andererseits eine schwer durchfärbbare Baumwollnaht enthält.

Für das Färben von Strümpfen ist eine ganze Anzahl Färbemaschinen im Handel. Wir verweisen hier auf Weltzien [2].

Auf eine genaue Beschreibung aller Typen können wir hier verzichten, um so mehr, als man nach unseren Erfahrungen ohne alle mechanischen Hilfsmittel mindestens ebensogut zurecht kommt. Zum Zwecke des Reinigens und Färbens näht man, sofern man sich nicht mechanischer Färbeapparate bedient, an die Spitze der Strümpfe mindestens 20 cm lange Schlaufen aus Baumwollgarn, an die man die Strümpfe an Stäben aufhängen kann. Man kann sie auch auf diese

[1] Vgl. auch Anke in Herzog: Technologie der Textilfasern. Bd. 7, S. 251f. Berlin 1927.

[2] Weltzien: a. a. O. S. 364f.

Weise paarweise zusammennähen. Schließlich kann man auch je zwei Strümpfe oben und unten zusammennähen, so daß man sie wie Stränge hantieren kann. Wir bevorzugen die erstgenannte Methode. Während des Reinigens und Färbens müssen die Strümpfe mit Hilfe der Stäbe, oder bei dem zuletzt genannten Verfahren durch Umziehen, dauernd lebhaft bewegt werden. Anders ist eine streifenfreie Färbung und bei Cottonstrümpfen eine gut durchgefärbte Naht nicht zu erzielen. An dieser Stelle sei auf eine praktische Färbeeinrichtung hingewiesen, mit der in Spanien vielfach gearbeitet wird: Rechts und links an der Seite der Färbekufe befinden sich Schienen, auf denen ein Rahmen läuft, der etwa 50 cm kürzer ist als die Kufe. Dieser Rahmen enthält im Abstand von etwa 10 cm Ausbuchtungen zur Aufnahme von Färbestöcken, an denen die Strümpfe aufgehängt sind. Mit Hilfe eines Exzenters wird der Rahmen dauernd hin und her bewegt. Diese Einrichtung gestattet also eine vollkommene Nachahmung der Handarbeit und führt zu tadellosen Ergebnissen.

Vorbedingung für streifen- oder ringelfreien Ausfall der gefärbten Strümpfe ist gründliche Vorreinigung, die hier unter allen Umständen viel sorgfältiger zu erfolgen hat als bei Webstücken. Es darf nicht außer acht gelassen werden, daß in den Strümpfen das Kunstseidenmaterial stets einfädig verarbeitet wird, wodurch alle Präparationsstreifen, die sich über kürzere oder längere Fadenabschnitte erstrecken, viel deutlicher in die Erscheinung treten. Hinzu kommt, daß die verschiedenartigsten, oft sehr schwer entfernbaren Präparationen von den einzelnen Strumpffabrikanten verwendet werden. Es kommt auch vor, daß die Strümpfe stark mit Metallseifen verunreinigt sind, herrührend von den Durchspulrinnen der Spulmaschinen. Der immer noch verhältnismäßig große Anfall an ringeligen Strümpfen ist in den weitaus meisten Fällen auf ungenügende Entfernung der Präparation zurückzuführen, obwohl nicht verschwiegen werden soll, daß, abgesehen von Fehlern der Kunstseide, auch reine verarbeitungstechnische Fehler oft dem Färber zur Last gelegt werden. Hierhin gehören Unterschiede in der Maschendichte durch schlechtes Einregulieren der Cottonmaschine sowie Zugstellen in den Fäden, hervorgerufen durch wechselnde Fadenspannung beim Verarbeiten oder durch ungleich gefeuchtetes oder präpariertes Material.

Zum Reinigen der Strümpfe empfehlen wir kochende Behandlung in einem schäumenden Seifenbade, das 2 g neutrale Seife oder 2 g Igepon T sowie 1—3 ccm eines geeigneten Fettlösers (z. B. Laventin HW, Verapol, Spezialseife C, Cycloran u. a. m.) im Liter enthält. Die Behandlung ist solange fortzusetzen, bis die Strümpfe vollkommen von den Präparationsrückständen befreit sind. Hiernach wird 1—2 mal gut ziemlich heiß gespült. Kaltes Spülen ist zu vermeiden, weil sonst evtl. in den Präparationen verwendete Körper mit hohem Schmelzpunkt sich wieder auf der Ware niederschlagen können. Ist der Baumwollflor stark dunkel gefärbt, so gibt man nach dem Reinigen eine Vorbleiche, womit man bedeutend günstigere Vorbedingungen für eine gute Ton-in-Tonfärbung schafft. Man bleicht in einem Bade von 1—1,5 g aktivem Chlor im Liter unter Zusatz von Flerenol M superior, etwa 15—30 Min. bei gewöhnlicher Temperatur. Dann wird wiederum gut gespült, mit etwa 2 ccm Salzsäure 20° Bé abgesäuert, bis zur restlosen Neutralisation der Säure ausgewaschen und bei Kochtemperatur gefärbt.

Man färbt solange, bis die Nähte einwandfrei durchgefärbt sind, was im allgemeinen nach etwa 1 Stunde erreicht ist, und setzt die zur Erzielung des gewünschten Farbtones erforderlichen Nuancierfarbstoffe nach. Salzzusätze gibt man je nach Bedarf. Es ist aber nicht angängig, die Salzzusätze sofort zu geben, da man hierdurch die Durchfärbung der Nähte außerordentlich erschwert. Gegen Färbung im Seifenbade ist nichts einzuwenden, es empfiehlt sich aber, an Stelle von Seife die ähnlich oder besser wirkenden Mittel, wie Soromin F, Igepon T oder Brillantavirol L 142 zu verwenden. Die Durchfärbung der Nähte wird in schwierigen Fällen gefördert durch Oxycarnit O.

Die Auswahl der Farbstoffe muß der Egalisierung und der Ton-in-Tonfärbung mit der Baumwolle Rechnung tragen. Erfahrungsgemäß erfüllen die folgenden Farbstoffe diese Voraussetzung:

Für Braun:	Benzolichtbraun RL, *Columbiabronce BC, *Diaminbraun B, Diaminbraun 33, *Diaminbroncebraun PE, *Diaminechtbraun G, Diaminkatechin B, G, *Dianilbraun AR, *Pegubraun G, Siriusbraun RV, *Siriuslichtbraun BRL, Toluylenechtbraun 3 G, *Triazolbraun A, BB.
Für Gelb:	*Siriuslichtgelb RT, RR.
Für Orange:	*Benzolichtorange G, *Dianilechtorange 3 R.
Für Rot:	*Benzorhodulinrot B (für helle Töne), Naphthaminechtbordeaux BR, *Siriusrot BB (für helle Töne).
Für Grün:	Diamingrün B.
Für Grau und Graublau:	*Benzochromschwarzblau B, *Diamingrau B, *Diaminschwarzblau B, *Diamintiefschwarz CRN (für dunkle Töne), *Siriusschwarz VE, L.
Für Schwarz:	*Diaminschwarz BH (diazotiert und entwickelt mit Entwickler F und Z),

Kunstseidenschwarz G (Formaldehyd-Nachbehandlung),
Sambesischwarz V (diazotiert und entwickelt mit Entwickler H),
*Sambesischwarz OXS (diazotiert und entwickelt mit Entwickler H).

Die mit * bezeichneten Produkte lassen Ränder aus immunisierter Baumwolle genügend rein.

Die Kombination

Benzolichtbraun RL,
Benzorhodulinrot B,
Benzoechtschwarz L

gestattet selbst in den schwierigsten Fällen meist eine gleichmäßige, ringelfreie Anfärbung und bietet die Möglichkeit, nahezu alle Braunnuancen der Strumpffarbenkarte zu färben.

Die obigen Richtlinien beziehen sich sowohl auf Viskoseseide als auch auf Kupferseide. Für die letztere ist noch zu erwähnen, daß nach dem Färben mit sehr weich machenden Mitteln aviviert werden muß. Zu empfehlen ist Soromin AF und Sapamin MS, sofern nicht von den Kupferseidenherstellern besondere Vorschriften gegeben werden. Für Strümpfe aus Viskoseseide empfiehlt sich eine Avivage von 0,2—0,5 g Tallosan S im Liter, das man in geschmolzenem Zustand in das Avivagebad einrührt. Auch Gemische von Tallosan und Monopolbrillantöl führen zu einem schönen Effekt.

An das Färben der Strümpfe schließt sich die Appretur an. Diese kann entweder so erfolgen, daß man die schleuderfeuchten Strümpfe über elektrisch oder mit Dampf beheizte Formen zieht oder daß man besondere Formapparate verwendet.

Das erste Verfahren wird noch am meisten angewandt. Hierbei ist zu beachten, daß die Formen keine Temperaturen über 75—80° C annehmen. Höhere Temperaturen ergeben die sog. „schwieligen Stellen" in den Strümpfen sowie bei Mattseiden zuweilen einen unangenehmen, speckigen Glanz. Bedeutend schöner werden die Strümpfe, wenn man sie auf ungeheizten Formen durch Dämpfkammern schickt. Hierfür wird eine ganze Anzahl geeigneter Apparate gebaut.

Sollen die Strümpfe mattiert werden, so schließt man entweder an das Färben die Mattierungsbehandlung an oder man mattiert sie vor dem Färben. Wir verweisen hier auf S. 71.

Sachverzeichnis.

***Die künstliche Seide,** ihre Herstellung und Verwendung. Mit besonderer Berücksichtigung der Patent-Literatur bearbeitet von Dr. **K. Süvern,** Geh. Regierungsrat. Fünfte, stark vermehrte Auflage. Unter Mitarbeit von Dr. H. Frederking. Mit 634 Textfiguren. XIX, 1108 Seiten. 1926.
Gebunden RM 76.—

Der ‚Süvern' ist und bleibt die ‚Bibel' für jeden, der sich für die Kunstseidenindustrie interessiert oder in ihr tätig ist. Die „Kunstseide"

Erster Ergänzungsband. (1926 bis einschließlich 1928.) Mit 578 Textfiguren. XVI, 642 Seiten. 1931. Gebunden RM 74.50

Es wird von Fachleuten und den die Kunstseide verarbeitenden Kreisen begrüßt werden, daß mit dem vorliegenden Ergänzungsband nunmehr wieder eine bis auf die neueste Zeit vervollständigte, zusammenhängende Darstellung über alle Herstellungsverfahren an Hand der Patente vorliegt. Das berühmte Süvernsche Buch wird damit dem bekannten „Friedlaender" für die Teerfarbenfabrikation immer ähnlicher. Es übertrifft ihn aber weit in bezug auf Sachlichkeit und Kürze. Durch das Gesamtwerk erhält der Leser einen tiefen Einblick in das Entstehen der Kunstseide von den ersten Anfängen bis zur Gegenwart. Das Buch ist ein Quellenwerk und bringt alles, was auf dem Gebiete der Herstellung der Kunstseide einmal patentiert worden ist. Die zahlreichen Textabbildungen vervollständigen den Inhalt des Buches. „Deutsche Färber-Zeitung"

***Die Kunstseide und andere seidenglänzende Fasern.** Von Professor Dr. techn. **Franz Reinthaler,** Wien. Mit 102 Abbildungen im Text. V, 165 Seiten. 1926. Gebunden RM 14.40

***Die Herstellung und Verarbeitung der Viskose** unter besonderer Berücksichtigung der Kunstseidenfabrikation. Von **Johann Eggert,** Ing.-Chemiker. Zweite, verbesserte und vermehrte Auflage. Mit 147 Textabbildungen. VII, 244 Seiten. 1931. Gebunden RM 26.—

***Die mikroskopische Untersuchung der Seide** mit besonderer Berücksichtigung der Erzeugnisse der Kunstseidenindustrie. Von Professor Dr. **Alois Herzog,** Dresden. Mit 102 Abbildungen im Text und auf 4 farbigen Tafeln. VII, 197 Seiten. 1924.
Gebunden RM 15.—

***Enzyklopädie der textilchemischen Technologie.** Herausgegeben von Professor Dr. **Paul Heermann,** Berlin. Mit 372 Textabbildungen. X, 970 Seiten. 1930. Gebunden RM 78.—

***Färberei- und textilchemische Untersuchungen.** Anleitung zur chemischen und koloristischen Untersuchung und Bewertung der Rohstoffe, Hilfsmittel und Erzeugnisse der Textilveredelungs-Industrie. Von Professor Dr. **Paul Heermann,** Berlin. Fünfte, ergänzte und erweiterte Auflage der „Färbereichemischen Untersuchungen" und der „Koloristischen und textilchemischen Untersuchungen". Mit 14 Textabbildungen. VIII, 435 Seiten. 1929.
Gebunden RM 25.50

* Auf die Preise der vor dem 1. Juli 1931 erschienenen Bücher wird ein Notnachlaß von 10% gewährt.

***Praktischer Leitfaden zum Färben von Textilfasern in Laboratorien** für Studenten der Hochschulen und für Schüler an Höheren Textilfachschulen. Von Dr.-Ing. **Ed. Zühlke**, Krefeld. Mit 2 Textabbildungen. VII, 234 Seiten. 1930. RM 9.50

Der Verfasser hat im vorliegenden Buche die in heutiger Zeit wichtigsten Färbemethoden mit den gangbarsten Farbstoffen für Baumwolle, Wolle, Seide und Kunstseide für den Gebrauch in Färbereilaboratorien in einfacher und sinnreicher Weise zusammengestellt. Es soll demjenigen Anleitungen geben, der sich mit der Anwendung der neueren Farbstoffe, sowie deren Arbeitsmethoden vertraut machen möchte, sei er wissenschaftlich gebildeter Chemiker oder Schüler einer höheren Fachschule, der die Kenntnis der Färbevorschriften gründlich beherrschen muß, um in jeder Hinsicht den Anforderungen der Praxis zu genügen. Für jedes Färbereilaboratorium ist das Büchlein ein brauchbarer Ratgeber. „Melliand Textilberichte"

Die neuzeitliche Seidenfärberei. Handbuch für die Seidenfärbereien, Färbereischulen und Färbereilaboratorien. Von Dr. phil. **Hermann Ley**, Elberfeld. Zweite, vermehrte und verbesserte Auflage. Mit 61 Textabbildungen. V, 241 Seiten. 1931. Gebunden RM 18.—

Der Verfasser bespricht neben dem Färben von farbigen Seiden, von Schappe und Tussah und dem Bedrucken der Seide auch eingehend das Entbasten, das Erschweren der Seide mit Zinnphosphat, das Ausrüsten, Avivieren, Trocknen und Strecken der Seide, sowie die Appretur und die Aufmachung, ferner Seidenschäden, Wiedergewinnungsverfahren und chemische Untersuchungen. — Das Buch schließt eine Lücke in der Literatur über Naturseide, denn die technischen Fortschritte und neuzeitlichen Arbeitsmethoden in der Ausrüstung von Naturseide und naturseidenhaltigen Geweben werden zum erstenmal in der vorliegenden Form gründlich behandelt, was um so wichtiger ist, als ja gerade in den letzten Jahren die Ausrüstungsprozesse in der Seidenindustrie sich wesentlich geändert haben. Es sei nur darauf hingewiesen, daß die Strangfärberei immer mehr gegenüber der Stückfärberei zurücktritt und daß heute die Verwendung von Mischgeweben von größter Bedeutung geworden ist, so daß also auch besondere Arbeitsverfahren bei der Veredelung von Geweben aus Halbseide, Wollseide, Seide mit Kunstseide und schließlich Geweben, die außer Seide noch Baumwolle und Kunstseide enthalten, notwendig geworden sind. Ein besonderer Wert des Buches besteht darin, daß es aus der Praxis heraus geschrieben ist, dabei aber alles Rezeptmäßige vermeidet. Es ist deshalb jedem praktischen Seidenveredler zu empfehlen und dürfte ihm ein guter Führer und Berater werden, der es ihm ermöglicht, einwandfrei zu arbeiten und sich vor Schäden zu bewahren. „Die Kunstseide"

***Praktikum der Färberei und Druckerei** für die chemisch-technischen Laboratorien der Technischen Hochschulen und Universitäten, für die chemischen Laboratorien höherer Textil-Fachschulen und zum Gebrauch im Hörsaal bei Ausführung von Vorlesungsversuchen. Von Professor Dr. **Kurt Brass**, Prag. Zweite, verbesserte Auflage. Mit 5 Textabbildungen. VIII, 104 Seiten. 1929. RM 5.25

***Taschenbuch für die Färberei** mit Berücksichtigung der Druckerei. Von **R. Gnehm.** Zweite Auflage, vollständig umgearbeitet und herausgegeben von Dr. **R. von Muralt**, dipl. Ing.-Chemiker, Zürich. Mit 50 Abbildungen im Text und auf 16 Tafeln. VII, 220 Seiten. 1924. Gebunden RM 13.50

***Praktikum der Färberei und Farbstoffanalyse für Studierende.** Von Professor Dr. **Paul Ruggli**, Basel. Mit 18 Tabellen und 16 Abbildungen im Text. IX, 197 Seiten. 1925. Gebunden RM 12.—

***Künstliche organische Farbstoffe.** Von Professor Dr. **Hans Eduard Fierz-David**, Zürich. („Technologie der Textilfasern", Band III.) Mit 18 Textabbildungen, 12 einfarbigen und 8 mehrfarbigen Tafeln. XVI, 719 Seiten. 1926. Gebunden RM 63.—

* Auf die Preise der vor dem 1. Juli 1931 erschienenen Bücher wird ein Notnachlaß von 10% gewährt.